树木简史

[英]诺尔·金斯伯里(Noel Kingsbury)◎著　[英]安德里亚·琼斯(Andrea Jones)◎摄

杨春瑞 陈汀 孙琳◎译　王馨 钟丽◎审

THE GLORY OF THE TREE

An *illustrated* history

人民邮电出版社

北京

图书在版编目（CIP）数据

树木简史 / (英) 诺尔·金斯伯里
(Noel Kingsbury) 著 ; (英) 安德里亚·琼斯
(Andrea Jones) 摄 ; 杨春瑞, 陈汀, 孙琳译. -- 北京 :
人民邮电出版社, 2023.4
ISBN 978-7-115-61072-0

Ⅰ. ①树… Ⅱ. ①诺… ②安… ③杨… ④陈… ⑤孙
… Ⅲ. ①树木一介绍 Ⅳ. ①S718.4

中国国家版本馆CIP数据核字(2023)第007940号

内容提要

树木无处不在，但我们常常对它们熟视无睹，只有美丽的花朵和绚丽的色彩才能引起我们的注意。在人类历史的长河中，树木一直默默地奉献着，为我们提供食物、燃料、建筑材料，同时也抚慰着我们的精神，给我们带来愉悦的感受或者寄托某种特殊情感。同时，树木也在记录着地球历史的变迁和气候变化。然而，你真的了解树木吗？

在本书中，作者将带领我们进行一次特别的探索之旅，探访那些在人们的生活和文化中具有重要作用或者特殊意义的树木。在这里，我们既能看到来自中国的银杏、珙桐、水杉等珍稀物种，也能看到生长在北美的巨杉、花旗松、北美红杉等树中巨人，还能看到颇具异域风情的火焰木、葫芦树、椰枣等。大量精美的照片可以让我们一睹这些树木的真容。

本书适合自然爱好者阅读。

◆ 著　　[英]诺尔·金斯伯里（Noel Kingsbury）
摄　　[英]安德里亚·琼斯（Andrea Jones）
译　　杨春瑞　陈　汀　孙　琳
审　　王　馨　钟　丽
责任编辑　刘　朋
责任印制　陈　犇

◆ 人民邮电出版社出版发行　　北京市丰台区成寿寺路 11 号
邮编　100164　　电子邮件　315@ptpress.com.cn
网址　https://www.ptpress.com.cn
中国电影出版社印刷厂印刷

◆ 开本：889×1194　1/20
印张：13.6　　2023 年 4 月第 1 版
字数：351 千字　　2023 年 4 月北京第 1 次印刷
著作权合同登记号　图字：01-2019-1021 号

定价：99.90 元

读者服务热线：(010)81055410　印装质量热线：(010)81055316
反盗版热线：(010)81055315
广告经营许可证：京东市监广登字 20170147 号

前 言

对于大多数人来说，树木是生活中熟悉且不可缺少的一部分。我们附近都有树木，它们也许就在我们的房前屋后。离开了树木，我们将无法生存。在很多时候，树木存在的时间很长久，而且很可能比我们长寿。这一点赋予了树木特别的意义，那就是在生态系统中，我们人类也许没有它们重要。在回忆儿时的经历时，我们的脑海中总会出现一棵特别的树，它常常是我们在上学的路上遇到的那一棵，因为一些不寻常的事情而给我们留下特别的印象。树木以及关于它们的记忆是我们连接某些时间与地点的纽带。

无论是乡村还是城市，无论是过去还是现在，树木对于我们认识一个地方来说非常重要。城市中的树木尤其重要，它们具有非凡的价值，是广阔的自然界给予我们的一个重要提示。毫不奇怪，树木常常受到城市建设、房地产开发以及病虫害的威胁。我们倾向于把一棵棵树视为单独的个体。除了外形和大小，树木几乎拥有人类的一切属性。当树木受到威胁时，我们有很多理由来保护它们。

在自然界中，树木很少单独生长。它们常常聚集在一起，是森林的重要组成部分。我们只有把它们视为整体的一部分时，才能真正理解它们。然而要真正欣赏树木的美丽、庄严，感受其巨大的体量和超长的年龄时，我们又需要把它们看成单独的个体，逐个去观察。

在为本书拍摄的照片中，安德里亚·琼斯将树木作为独立的个体去捕捉它们的特征，近距离观察它们的细节。除了美妙的视觉感受，我希望这本书能带领你走得更远，深入了解树木作为一个物种在生态系统中所发挥的重要作用。它们还是人类历史的参与者和自然景观的塑造者。

本书共分为 6 章。在第 1 章“古代”中，我们可以看到树木作为一个个体或者物种所能达到的极长的寿命。通过化石记录，很多树木可以追溯到恐龙时代。我们可以根据叶片、花和果实的化石了解到关于树木的一切。同时，花粉化石为古植物学家（研究植物化石的科学家）提供了穿越时间和空间去追踪物种谱系的机会，其中的一些发现令人着迷。

在第 2 章“生态”中，我们将树木视为植物群落的成员，它们是与其他植物和动物所组成的关系网的一部分。生态学研究在一定程度上关注生物群落随时间发生的变化。我们看到一些树种作为先驱者首先在光秃秃的土地上扎下根来，快速生长，后来往往又被寿命更长的优势种所取代。在生态学中，后者称为顶级物种。我们还会多次碰到入侵物种，看看它们对当地的自然环境和生态系统带来的麻烦。

树木可以在人类的精神生活中发挥重要作用。在第3章“神圣”中，我们将看到一些树或整个物种被赋予了不同的含义，它们在人类文化中占有特殊地位，而这种地位与它们自身的用途毫无关联。

第4章“效用”介绍了一些具有实际用途的树种，它们是非常有价值的木材，可以作为制造其他有用产品的原材料。一棵树一旦被用作木材，我们就往往认为它已经死了，不过事实并非如此，许多树可以通过发出新芽来再生。树木的这种恢复能力对人类来说意义非凡。我们可以用两个术语来描述这个过程：“矮林作业”，即从树木的底部进行砍伐；“修剪去梢”，即在更高的地方进行砍伐。

第5章“食物”探讨了把树木作为食物来源的许多不同的方法，很多树木可以为我们提供令人愉悦的食物，比如对我们的祖先来说极为宝贵的果实。在我们的祖先看来，极为奢侈、腐化的就是通过种植树木获取其装饰价值。第6章“观赏”介绍了出现在公园、花园和街道等场所的树种，欣赏它们的花朵和枝叶的美丽色彩与形状。鉴于城市化进程日益加快，用于装饰的树木肯定会越来越重要。

在了解书中所介绍的那些壮丽和有趣的树木之前，有必要指出编写此书时一再遇到的两个问题。一个问题是树木遭到的破坏，另一个问题是树木在不被需要的地方的生长能力。这两个问题都与自然环境的保护有关。大家知道，森林对全球气候、当地天气和生物多样性的影响非常大。在人类历史上的大部分时间里，人类对森林漠不关心，人们用石斧和火砍伐与焚烧树木，而电锯加速了这个过程，造成了更大的破坏。这本书真实地记录下了这些情况。然而，当人类的足迹遍及全球时，他们也将自己所喜欢的树种从一个地方带到另一个地方。一些树木在它们的新家中如杂草一般肆意蔓延开来，取代了本地物种，使得整个生态系统受到极大的影响。在有些地方，外来物种的入侵常常比砍伐森林更为严重。

了解树木是我们学习成为地球好管家的重要部分，希望此书可以对这一学习过程有所帮助。

目 录

第 1 章 古代

对于个体来说，树木寿命的差异很大。毫不奇怪，有些树生长的时间相当于几代人的寿命，人们一直对此颇感兴趣。长期以来，北美红杉和巨杉一直在文献资料中占据主要位置，但世界上各个地区都有长寿物种，其中少数物种可以追溯到很久以前。对于欧洲人来说，最引人注目的是法国梧桐和欧洲红豆杉。

20 世纪下半叶出现了一种测定树木年龄的先进技术。加利福尼亚的另一个树种狐尾松创造了新的纪录，被称为“世界上最古老的树”。这一时期，在一些水体浑浊的地方，科学家注意到许多树干甚至树根都枯死了的树木又再生了。挪威云杉是这方面的一个代表，我们看到的一些树木可能只生活了几百年，但作为独特的遗传学个体，它们已经生活了数千年。

这里介绍另一些古老的物种。银杏被誉为最古老的树种，是真正的“活化石”。作为遗传学个体，银杏的寿命也可以很长，因为它们能够通过树桩再生。其他一些树木也有“活化石”之称。水杉最初是作为化石被发现的，后来不久人们就发现了一棵活着的水杉。实际上，所有的针叶树都非常古老，它们能比其他树种更好地反映大陆板块的分裂。

人们熟悉的很多树种在很长的一段时间内都保持不变。在被子植物的历史上，玉兰很早就演化出来了。这些树种作为演化理论的活生生的证据出现在我们面前，它们与很多方面都明显不同的时代有着明显的联系，比如恐龙主宰的时代。其中，一些物种进行了相当长的地理旅行。它们在一个大陆上演化，然后传播到另一个大陆上。在经历了大陆分裂、山脉阻断和冰盖扩展之后，不同大陆上的物种彼此之间产生了隔离。

一些物种堪称古老，因为较小的种群从它们本应覆盖更大区域的时代幸存了下来。塞尔维亚云杉就是这样的一个例子。加利福尼亚的山谷白栎曾是构成当地景观的主要因素，但现在这些景观已经消失了，这些树木的栖息地已被密集的农业开垦和大规模的房地产开发所摧毁。神秘的龙鳞木（*Polylepis australis*）在安第斯山脉中部之外的地方鲜为人知，而在古代它是一个优势物种，后来被农民清除掉。英国榆也是如此，它现在只存在于人们的记忆中，但作为一个古老的非本土物种曾具有独特的地位。

◀ 北美红杉的粗糙树皮。

银　杏

Ginkgo biloba

科：银杏科

简述：一种史前落叶针叶树的亲缘种

原产地：中国西南部

高度：30 米

潜在寿命：超过 1000 岁

气候：适宜生长在较为温暖、湿润的环境中，也适应较冷的气候

很少有树种像银杏一样经历非凡，银杏科最早可以追溯到恐龙时代之前的二叠纪，而化石研究表明现在的银杏早在白垩纪早期（7000 万年前）就已经出现了。化石证明它们曾经密布于地球的各个角落，在经历了漫长时期的地质变化之后，它们又逐渐撤回到中国西南部这个巨大的植物庇护所。由于和其他植物的亲缘关系甚小，银杏可以说是植物演化史上的“孤儿”，其记录历史的作用也令人着迷。尽管在中国、韩国和日本等，银杏作为一种人工栽培的植物较为常见，但野生的银杏十分难寻。似乎作为野生植物的银杏已经灭绝了，人工栽培的银杏分布十分广泛，导致即使我们发现了所谓“野生”的银杏，也很难断定它们是不是寺庙里面种不了而剩下的。 通常银杏的种植和佛教有关，有人认为日本的银杏是在公元 6 世纪因僧人传教而被带到日本去的。

研究表明， 中国至少存在一处野生银杏种群，但曾因难以证明而一度被质疑。这个地方就是位于浙江省杭州市以西约 100 千米、拥有众多佛教神龛和寺庙的圣山——天目山，天目山是中国于 1960 年建立的第一批自然保护区之一。2008 年，浙江大学的植物学家建立了天目山野生银杏种群明确的基因族谱。保护区的银杏具有从种子生长而来的特征，同时具有极强的根部再生能力。这是人工栽培种难以获得的能力，可以极大地延长银杏的寿命。

同时拥有种子和根部发芽能力的树木一般都是一些寿命很长的树木，比如红豆杉和北美红杉。银杏也是如此，据说韩国有一棵银杏已经超过 1100 岁了，日本也有很多这样的古银杏。这些古树往往都是千姿百态。“千本”（意为“1000 棵银杏”）是一棵有多个树干的银杏，“坂下”（意为“倒转”）的树冠是倒垂着的，“夫妻”和“亲子”指两棵相互缠绕长在一起的银杏。“夫子”指的是一棵气生根下垂到地面的银杏，有村妇在哺乳期母乳不够的时候来到这棵树下祈祷。日本还有关于古树灭火的传说。在京都西本愿寺的庭院里，有一棵四五百岁的、被称为“水撒”的银杏。传说 1788 年京都大火肆虐的时候，它从树叶中撒出水来，才隔断了大火的蔓延，保住了寺庙。因为类似事件而被神化的还有一棵在 1945 年广岛原子弹爆炸中存活下来的银杏。

第一个见到银杏的西方人是来自德国的恩格柏特・坎普法（1651—1716），他是荷兰东印度公司的

◀ 这种银杏并不常见，其树干上部已分裂成几部分。

一个商人。当时日本实行闭关锁国政策，除了该公司之外，其他的外国人都不能与日本进行贸易往来。他在 1691 年得到日本当局认可进入长崎，记录下了他看到的这种树，并且在后来将银杏种子带回到了欧洲。有一株银杏栽种在荷兰乌得勒支的植物园中，大约是在 1730 年种下的，是亚洲之外最古老的银杏。在同一时期，英国的一些乡村花园也栽种了一些银杏。而在北美，最早的银杏引种发生在 1784 年。被引种到北美的银杏长得非常繁茂。在所有引种到北美的外来物种中，只有银杏和山毛榉（欧洲水青冈）最终发展壮大。

在 20 世纪，银杏开始作为行道树被广泛种植。银杏生长迅速，树干笔直地向上生长，树叶在秋天会变成绚丽的金黄色，而且基本上没有虫害（银杏的病原体可能已经灭绝了）。由于最开始银杏幼苗是用种子繁育的，所以人们并未意识到银杏的雌株有一个严重的缺点：种子的味道非常难闻。幸运的是银杏很容易通过扦插繁殖，我们可以选择树干笔直的雄株的枝条进行扦插，所以现在可以只培育雄株。

幼年的银杏像极了懵懂的少年。美国著名的树木专家 C.S. 萨金特在 1897 年写到银杏时说：“幼年的银杏树枝纤细，相互交错，而且树叶稀疏，看起来僵硬甚至有些古怪。它们直到百岁之后才会显现出真实的特点。几乎没有别的树像它们一样大器晚成。”年轻的银杏趋于拼命向上生长，显然是为了在阳光被遮挡的环境中争取阳光而发生的演化。但随着年龄的增长，银杏的枝条会逐渐向四周扩展开来。

近些年来，西方医学逐渐对银杏的药用价值产生了兴趣，而传统中医则在很早之前就已经利用银杏治疗疾病了。有证据表明银杏叶提取物可以用于治疗血液循环问题以及特定类型的关节炎和哮喘。银杏制品对改善记忆力也有一定的效果，但是令人遗憾的是，没有证据表明银杏有助于治疗老年痴呆。一位灰心丧气的研究员说，他们再也不会在这个劳什子上面浪费一分钱了。

但是，无论是否对人类有帮助，银杏在补充医学方面日益得到广泛应用，保证了这个树种的未来，其在加利福尼亚南部和法国被广泛种植便是很好的证明。像另外一种“活化石”水杉一样，银杏现在也是全球树木文化中重要的一部分。

▲▶ 银杏的种子（左图）、树皮（右图）和雄花（对页图）。

武当玉兰

Yulania sprengeri

科：木兰科

原产地：中国西南

简述：落叶乔木，花朵绚丽，与一些原始被子植物有亲缘关系

高度：20 米

潜在寿命：未知

气候：温带气候

人们往往从很远处就可以看得到玉兰树上盛开的花朵，它们在光秃秃的树枝的衬托下显得更加醒目。一片枯树丛中点缀着一株盛开的玉兰，此番景象有些超现实主义的意味。靠近观察，我们会发现尽管玉兰花的颜色喜人，但是巨大的花朵（直径达 15 厘米）缺少一份优雅和紧致。相信看过它粗狂厚实的花朵之后，大部分人都不会因为玉兰是最古老的被子植物，甚至曾经作为恐龙的食物而感到惊讶。

武当玉兰，连同木兰科的很多植物和其他一些原始植物（比如水杉以及令人惊异的银杏）在中国西南地区幸存了下来，而其他地方的同类植物早在几千万年前的气候变化中就灭绝了。中国西南的这片森林南临东南亚的热带雨林，西依喜马拉雅山，与新生代甚至中生代（恐龙和翼手龙生活的时代）的森林相差无几。地壳运动导致气候不断变化，但是在中国西南，处于亚热带的大陆板块没有发生剧烈的地貌变化和漂移。这意味着有些植物没有因为气候变化而灭绝，得以幸存下来。但是，这片区域一度面临着一个严峻的考验。随着中国经济的迅速发展，森林曾被大片大片地砍伐，很多山谷也因修建水利工程而被淹没。幸运的是，在此之前的 20 世纪和 21 世纪之交，植物学家把这里的很多物种引种到中国甚至世界的其他地方。

长期以来，中国人对武当玉兰的兴趣主要集中在烹饪美食方面。将玉兰花瓣裹上面糊进行油炸，或者和生姜、醋一同腌制，这些都是深受中国人喜爱的食物。偏远的地理位置可能是玉兰以前一直被中国园林文化忽视的因素之一，但是随着现在中国人对本土植物的兴趣不断增加，玉兰在它的故乡的种植面积无疑将不断扩大。

武当玉兰最早是在 1901 年被英国人威尔逊发现的，他把它的种子寄到了英格兰的维奇苗圃进行培育，有 8 颗种子发芽了。发芽的幼苗被送到一些大植物园和私人收藏家手中。玉兰生长到一定年岁时才会开花，这需要 20 年甚至更久。当这些小玉兰树真正开花的时候，人们发现威尔逊收集的种子有两个不同的来源。有些树开的花是粉色的，而有些树开的花是白色的。20 世纪初，植物探索的最大资助方威廉家族在英国康沃尔郡的凯尔海斯庄园种植的武当玉兰开的花就是粉色的，它的种名被取为“Diva”。人们还发现它的花很抗冻。

这个种的花的抗冻特性可以说是可遇而不可求

▶ 玉兰花在早春时节盛开（对页图），光秃秃的树枝上挂满了花朵和花蕾（下页图），标志着冬天已过去。

的。武当玉兰及其近亲亚洲玉兰（比如滇藏玉兰，*M. campbellii*）的植株本身十分抗冻，但是它们的花蕾在花期后期极易受到冰冻的摧残，这让它们在春季漫长且气温不稳定的地方的观赏性大打折扣。种植它们的人在少数倒春寒的年份只能看着自己的玉兰花在几小时里就零落成泥，这也让那些能够让玉兰花完整开完的年份显得更加珍贵。一些种类的美丽花朵和相对抗寒的特性使得一大批园艺工作者不惜花费数年的时间去培育并等待它们开花。

北美红杉

Sequoia sempervirens

科：柏科

原产地：加利福尼亚沿海

简述：常绿针叶林中最高大、古老的物种，在森林中广泛分布

高度：115 米

潜在寿命：1500 岁以上

气候：湿润的温带气候

行走在成年北美红杉林中的感觉，就像置身于巨人王国之中。在这群身材高大雄壮的巨树面前，人类只能自愧于自己的渺小。林地中很少有其他植被，远离了灯红酒绿和孩童喧闹的游客们喜欢来到这样的一片森林中，享受北美红杉带给他们的宁静与祥和。壮硕的树干、高大挺拔的身姿，甚至掉落下来的一片树叶，都给我们留下了深刻的印象。

不幸的是，留给我们的这种雄伟的树林已经不多了。第一批殖民者来到美洲定居之后，立刻发现北美红杉是一流的木材。他们贪婪地砍伐了 95% 的北美红杉林。为保护北美红杉而发起的运动是历史上现代保护运动中的第一批。保存最完好的一片北美红杉林位于旧金山北部，被命名为约翰·缪尔林地。约翰·缪尔是 19 世纪末致力于北美红杉保护以及国家公园创建的人士之一。缪尔希望保护美国西部森林的固有价值，而不是仅仅把它们当作木材保护区。他被看作环境保护的奠基人之一。这片森林离旧金山很近，但在险峻的山谷的保护下幸免于难。然而后来，它面临被计划修建的水库所淹没的危险。在 19 世纪和 20 世纪之交，这也是加利福尼亚诸多壮丽的自然美景的命运。幸好这片森林被一位议员买下。1908 年，罗斯福总统把这片森林划为国家自然保护区，这可以说是环境保护的里程碑。

加利福尼亚的海岸现在有很多红杉林，但多数是次生林，包括从被伐木工砍掉树干的树桩上重新发芽长大的小树。人们为它们的生长空间之狭小、树下光线之昏暗而感到震惊。林中往往很潮湿，因为海岸多雾，雾气在树叶上凝结成水滴，随即顺着树干流到地面上。这在森林降水中占有很大的比例。雾几乎决定了北美红杉的生存，没有雾的话，北美红杉是竞争不过橡树、松树等这些树种的。看到这些森林的种群密度之后，你就会知道一公顷北美红杉林所包含的生物质是同面积热带雨林的两倍也不足为奇，这也使得这里成为地球上生物生产力最高的地方。

北美红杉的栖息地很潮湿，年均降水量可达 2500 毫米，洪水频发。因为通常和针叶林混杂，北美红杉演化出了一种借助洪水来与针叶林竞争的策略。包括几乎所有针叶树在内的大多数树种都会因为洪水淹没了泥土下面的根系而死亡，而北美红杉可以忍受足够长的时间来在旧根之上生发新的根系。对生长在山谷底部的北美红杉的研究表明，在必要的条件下，北美红杉还可以长出多个根系。

◀ 北美红杉新结的球果。

北美红杉不仅可以生发新的根系，还可以生发新芽，这与很多在树干被砍砍倒之后还能再长的落叶乔木（比如需要修剪的甜栗和酸橙）不同。针叶树被砍倒之后会直接死亡， 但北美红杉会在原来的树桩周围生发大量的新芽并长成树。 这种能力让北美红杉迅速从 19 世纪末到 20 世纪初的乱砍滥伐所造成的破坏中恢复过来，同时也是一部分北美红杉的种群密度如此之大的原因。

大火是美国西部森林中树木的大敌，任何不怕火的树种都因此具有巨大的优势。当竞争者被大火烧焦甚至化为灰烬时，它们却可以继续生长和繁殖。北美红杉就是其中一员，在其生长区域内，只有它可以做到这一点。厚实的、像海绵一样的树皮可以隔绝大火的热量，年幼时期的快速生长则使树木的重要组织远离地面。火势越猛，对其他树木来说损失越大，而这对北美红杉来说反而有利。

如今，很多北美红杉林地由年轻的植株构成，而非约翰·缪尔林地中的参天巨树。与其他针叶树不同，北美红杉的树脂含量低，可燃性也弱。在 1906 年洛杉矶地震引发的大火中，若不是很多房屋都用北美红杉做包层，损失恐怕会更大。北美红杉巨大的树干被锯木厂加工成宽大的木板，用这些木板修建的老宅是加利福尼亚海岸的一大亮点。 北美红杉作为木材的质量可能是原始森林遭到灭顶之灾的首要因素，但如今这成为了种植和保护北美红杉林的经济动力，对北美红杉的发展起到了良性作用。

北美红杉已经在全球许多气候类似于加利福尼亚的地方被种植，并且基本上都获得了成功。北美红杉非常适应新西兰湿润温暖的气候，事实上它们已经开始通过种子繁殖的方式自主扩张。这使得北美红杉作为木材树种进行种植具备可行性。然而，若是作为景观树种，北美红杉就没有那么成功了。它们看起来总是病怏怏的，树冠也是乱七八糟的，不够对称。事实上，北美红杉是森林树种，它们需要和它们的大小类似的同伴相互遮蔽，保持湿度。装点风景的荣耀属于加利福尼亚的另外一种巨树——巨杉。与北美红杉不同，单独的一棵巨杉看上去要霸气得多。

► 旧金山北部约翰·缪尔林地中的北美红杉。

北美枫香

Liquidambar styraciflua

科：蕈树科

简述：因为秋天的艳丽颜色而闻名的落叶乔木

原产地：美国东部、墨西哥部分地区

高度：40 米

潜在寿命：400 岁

气候：夏季较温暖的温带气候

北美枫香，只有在秋天才会被大家注意到，而在其他季节则会被遗忘。每当我们赤脚从草地上走过，踩在北美枫香那多刺的种子上时，总是会被狠狠地“提醒”一下。在欧洲大陆，这种树很少开花结果，但是颜色的变化是少不了的。北美枫香和红枫，是少数在大西洋两侧的欧洲和美洲同时变色的北美“秋日树种”。北美枫香的叶子一般会变成红色或者金色，有的时候呈栗紫色。

北美枫香的叶子与枫叶极其相似，但是我们从树皮上可以分辨北美枫香和枫树，北美枫香的树皮柔软粗糙，俗称“鳄鱼皮”。另外，通过植物学研究最基本的方法——细致观察，可以发现北美枫香的叶子是对生的，而枫树的叶子则是互生的。多年来，人们已经培育出了几种不同大小、树型和树叶颜色的北美枫香品种。比如，“奥克尼”和“斯特拉”的树型呈瘦长的锥状或者柱状，它们适宜在小花园和其他空间相对狭小的地方进行种植。而景观设计师和园艺师往往都青睐可以一直撑到冬天都不落叶的一些品种，比如“勃艮第”。这个品种的树叶可以坚持一整个秋天。

在英文中，“sweet gum”和“liquidambar”指的都是把北美枫香的树皮剥掉后，其边材处分泌的胶状物。林奈在 1753 年用“liquidambar”来指代树胶的阿拉伯语单词。而在当时的欧洲，人们最熟悉的树种则是苏合香（*L. orientalis*），它的树胶具有医疗用途，用于制造熏香和香水。香水是中东文化的一个重要部分。在哥伦布发现美洲大陆以前的墨西哥，北美枫香树胶的用途与欧洲相似，人们用它来缓解感冒引起的阵痛、酸痛等症状，也作为制造香水的原料。墨西哥人还会把树胶和烟草混合在一起吸食。据说 1519 年蒙特祖玛会见科尔特斯的时候，给了科尔特斯一些混有这种香料的烟草。在 19 世纪的美国南部，北美枫香的树胶也用于治疗痢疾，还用来制作口香糖。事实上，很多口香糖公司至今仍然使用北美枫香的树胶作为原料之一。

北美枫香广泛分布在美国东南部（从得克萨斯到新泽西），属于生长地区海拔仅次于针叶林的落叶乔木，可以在废弃的山麓农场中茁壮生长，同时也是海岸沼泽森林的重要成员。广泛的分布范围也从侧面证明其历史之悠久。作为相对原始的树种，北美枫香随着大陆板块的不断漂移而扩大分布范围。即使缺少化石证据，如此广泛的分布范围也是证明这种树木早期演化的有力证据。

北美枫香还是美国南部重要的硬木树种，用于制作实木板材和复合板。作为硬木使用时，应最大限度地利用北美枫香木闭合的纹理。为了克服其在潮湿条件下难以切割的缺点，在加工北美枫香木之前需要先让其充分干燥。北美枫香正逐渐成为花园、公园和其他城市公共空间的一种常见树木。

◀ 带给我们美丽的秋色是北美枫香的一个突出优点。

巨 杉

Sequoiadendron giganteum

科：柏科

简述：常绿针叶树，世界上最大的植物

原产地：加利福尼亚内陆的小部分地区

高度：90 米

潜在寿命：4000 岁

气候：温带季风性气候

在历史上和植物学上具有双重讽刺意味的是，在巨杉的原产地加利福尼亚见到巨杉的情况还不如在包括英国在内的欧洲西北部地区见到的多。比如，在英国的很多乡村道路上，经常可以见到这种树枝凌乱、高大乌黑的树木，而且基本上都是单独一棵，就算周边有别的树木，也一定是其他树种。遇到巨杉，往往意味着附近有或者曾经有一座维多利亚时期的庭院。若是只有一棵巨杉，可能此处是乡村牧师或者稍微富裕一些的乡绅的老宅；若是有很多棵巨杉，那么这里基本上就是财产丰厚的地主的家了。

维多利亚时期的人们痴迷于巨杉，他们喜爱所有的常绿植物。随着 1853 年巨杉种子第一次被引进，这种树木就被无数人所种植。巨杉对其周围的景观有巨大的影响。红棕色的、柔软的海绵状树皮（巨杉为了防火而发生的演化），以及一大堆落下后呈独特的圆锥状的细小红色落叶，使得巨杉具有极高的辨识度。海绵状树皮非常引人注目，参观者总是忍不住去扒巨杉的树皮。在有些公园和植物园中，甚至需要建造栏杆来对它们进行保护。这种在 19 世纪算是新物种的巨大植物在当时非常受欢迎，如今美国、欧洲、新西兰等地都有生长良好的巨杉。由于英国的气候非常适宜巨杉生长，所以维多利亚时期的苗圃很容易培育出大量的巨杉幼苗，并将其分发到整个英国。这件事颇具讽刺意味，因为在巨杉的原产地，它的种植是个巨大的问题。事实上，加利福尼亚只存在“残留种群”，只有内华达山脉的山脚下还有 68 处小型巨杉林。毫无疑问，这个物种的数量数千年来一直在减少，但是在 20 世纪美国国土资源管理局大大减少了森林大火的发生，这让巨杉的生存雪上加霜，因为巨杉的幼苗只有在森林里别的植物被大火消灭了以后才有机会成长。

大火的作用不止如此。巨杉独特的球果类似于欧洲石松，只有依靠大火的烘烤才会开裂，在地面上的其他植物被烧成灰烬转化成营养丰富的有机肥料之后的最佳时期将种子释放出来。巨杉还有另外一个特点，它的球果的活力可以保持 20 年，这在针叶树中是独一无二的。现在，这个树种的存亡基本上取决于人类对森林大火的控制。作为地球上最长寿、最大（不是指高度最大，而是指体积最大）的树种，巨杉落到这步田地颇具嘲讽意味。

欧洲殖民者最初发现这种树木是在 19 世纪 30 年代前期，植物学家很快制作了它的标本，但是关

◀ 在位于加利福尼亚的巨杉国家森林公园中，一棵巨大的巨杉出现在“百名巨人”小路旁。

于其名称的争论接踵而至。多年以来，*Wellingtonia gigantea* 一直是主流的叫法，但是美国的植物学家对这个由一个从未真正见过这种树木的英国植物学家为了纪念一个和美国没有一点关系的英国战争英雄（威灵顿公爵）而起的名字感到愤愤不平。长话短说，一位名叫约翰·西奥多·布赫霍兹的美国植物学家在 1939 年提议将巨杉的学名改为 *Sequoiadendron giganteum*，用植物学逻辑来维护国家尊严。

在殖民初期，殖民者和巨杉的关系并不融洽。殖民者造成了巨大的破坏，把最大的一片巨杉林砍伐殆尽。这种破坏一直持续到 20 世纪 20 年代。但巨杉树干的纤维状特性导致其承载力很小，作为木材砍伐可谓得不偿失，最后只能用来当篱笆桩和木柴。拓荒者的贪婪不久就被这些巨树和被砍伐的巨大树桩的照片暴露在国民眼前。约翰·缪尔领导了一场保护巨杉的运动，在 1890 年提出了建立第二座国家公园——红杉国家公园的设想。2000 年，比尔·克林顿总统提出修建巨杉国家纪念碑，这是在设立国家公园的基础上更加具有综合性和长远性的思考。得益于便捷易达的特点，这些非凡的巨杉林在 20 世

◀▲ 一棵幼苗出现在“老前辈”身边（对页图），一棵高大的巨杉的树干（上图）。

纪初就已经成为主要的旅游景点，每年吸引着成千上万的游客来到这里，感受在巨杉面前人类的卑微。早期的商业开发手段对巨杉相当不友好，当时从树干中掏出一个洞来让轿车通过以及把树桩做成木屋和舞池的照片广为流传。

巨杉也许不是最高的，但绝对是块头最大的树木。在巨杉国家森林公园里，一棵巨杉的体积达到了 1489 立方米。位于加利福尼亚的国王谷国家公园中有一棵名叫“罗伯特·爱德华·李”的巨杉，这棵树拥有将近 28 亿片叶子。长成这般大小的树木大约需要 3500 年。巨大而又古老的树木都非常复杂，它们不是单纯由单个树干和若干树枝组成的，而是由多个树干围绕一个空心轴组成的。树枝也是如此，用一种奇异的方式不断枯死和再生。这提示我们这样的大树只是包裹在枯死的组织外面的那一层树皮罢了。

作为受人喜爱的树种，巨杉在很多公园和花园中都有种植，但是那些生长在野外的巨杉才能令前去参观的游客真正折服。

山谷白栎

Quercus lobata

科：壳斗科

简述：在分布地具有重要意义的巨型落叶乔木，在历史上曾作为重要的食物来源

原产地：加利福尼亚中部山谷

高度：45 米

潜在寿命：600 岁

气候：温带气候

第一次到加利福尼亚看到山谷白栎的游客的感受一定是再看一下这种树，一棵树真的能支撑得住这么长的树枝吗？显然是可以的，但是如果你是第一次看到成年山谷白栎从树干上的较低位置伸出看起来违反牛顿定律的树枝，印象一定会非常深刻。在看过很多山谷白栎之后，就可以了解到长长的树枝是这个树种的一个特点，而不是某一个体的特殊情况。但是有一个有趣的矛盾，山谷白栎的这种特点并不代表它可以作为高质量的木材。这种树从第一批移民者那里获得的名字中就有一个叫作“面糊橡树”，因为它的木材质量实在太差了。加利福尼亚中部山谷中被砍伐的山谷白栎基本上都是用作木柴，而不是作为建筑材料。

山谷白栎是一种外形会随着年龄增长而变化的树。它们在最初的十几年里一般处于“光杆”状态。在这个阶段，即使拥有很大的空间，山谷白栎也不会横向扩张。接下来是“榆树”阶段，这一阶段的山谷白栎逐渐生出向上伸展的枝干，形成类似于花瓶形状的树冠。而当它们生长到 100 岁到 300 岁的时候，就到了所谓的“垂枝”阶段，长出像鞭子一样垂向地面的小树枝。最后，山谷白栎会进入“再生”阶段，老枝逐渐枯死下垂，而新的树干破土而出，就像花园里的灌木丛一样，通过不断长出新树干来实现再生。

受制于对地下水的持续需求，山谷白栎并不能从其原产地向外扩张。在欧洲殖民者到来之前，它们曾经是整个加利福尼亚中部山谷地带苍翠茂密的森林和草原景观的一部分。早期探险家的报告提到过这种如同公园一般的景观，这种景观的形成很可能缘于当时的印第安人用大火来控制和管理鹿以及猎禽的数量，因为山谷白栎抵抗大火的能力相当强。一些早期探险家同时还注意到有些树成排生长，它们是当地部落有意种植的，但如今大部分已经消失了。现在，这种树主要存在于像牧场这种至少能让我们更直观地感受到其神奇的地方。

美洲印第安人将山谷白栎作为粮食作物进行种植，山谷白栎的果实橡子也的确是他们的稳定食材来源。橡子富含糖分和蛋白质，还能够提供适量的维生素。橡子搭配少许鹿肉和野菜，可为当地的印第安人提供均衡的饮食。收获后的橡子经过晾晒后储藏，等到需要时再进行加工。加工时，在一块凹凸不平的岩石（现在仍然存在，可供参观）上将橡仁碾碎并磨成面粉状，最后用水过滤即可。最后一

步非常重要，因为过滤可以去掉橡子面中的单宁酸，否则这种面粉异常苦涩，完全无法食用。加工好的面粉可以用来熬粥，或者做诸如面包之类的食物。现代生存主义者和印第安文化复兴主义者找到了很多可以让橡子更加美味的制作方法，并将这些制作方法上传到了网络上。

山谷白栎是北美最大的落叶乔木之一，其中一些树甚至可以作为历史的见证者，虽然最大的几棵已经倒下了。如今，这个物种正面对来自房地产开发的压力，房地产开发不断吞噬加利福尼亚中部山谷的土地和水道。这个地区最具特色的树需要大家关注，以保证它们的未来。

▶ 生长在加利福尼亚的一个牧场中的山谷白栎（右图），它们是已消失的开阔林地和湿地景观的遗迹（下页图）。

英 国 榆

Ulmus procera

科：榆科

简述：极具历史价值的落叶乔木，但易染病

原产地：小叶榆（*U. minor*），大部分存在于欧洲南部和土耳其的部分地区，最北可达波罗的海沿岸；光叶榆（*U. glabra*），西起爱尔兰，东至伊朗，北到北极圈，南至希腊

高度：40 米

潜在寿命：700 岁

气候：地中海气候及北部地区气候

“它们是整个西欧最复杂难懂的树，也是和人类的联系最紧密的树。”英国著名森林史学家奥利弗·拉克姆在 1986 年如是写道。在这之后，英国榆的故事变得越发复杂起来。

对泥炭沼泽中保存下来的花粉化石的分析表明，早在冰河时期，光叶榆就已经成为北欧地区最大的森林树种之一。然而大约在公元前 4000 年，光叶榆的数量急剧减少，这一现象可能是由我们后来所熟知的、引发荷兰榆树病的真菌病原体的出现导致的。如果是这样的话，那么说明光叶榆具有高效的遗传变异能力，已演化出能够抵抗疾病的个体，所以我们现在才能在林地里看到幸存下来的光叶榆。

小叶榆的境遇就有所不同了。小叶榆病害问题的发现是在 19 世纪末。1921 年，一位荷兰病理学家发现了依靠甲虫（榆树甲虫）在树与树之间传播的真菌。1967 年，英国又出现了一种新的榆树病害，可能是通过从美国进口的木材传播到英国的。在接下来的 10 年间，原本穿插于绿篱之中的小叶榆已亭亭如盖，形成了英格兰南部景观，这缘于这种病害的消失。病害继续向欧洲大陆蔓延，到 2000 年左右，已经蔓延至瑞典南部。荷兰榆树病的泛滥让人想起 20 世纪初发生在美国的栗疫病，但是榆树被病害打倒的速度快得有些不可思议。从某种意义上来说，这的确不可思议。众所周知，小叶榆不是一个自然物种，而是通过人工扦插进行繁殖的。培育这种树的简单程度甚至有些荒谬。切下一段树枝插到地上，然后顺其自然就可以了。但是所有克隆体的基因都是一致的，所以它们抵抗或者不能抵抗某一类病害的能力是一样的。2004 年，西班牙的一个研究团队得到一个令人震惊的发现，即所有的小叶榆都是由同一个母体扦插培育出来的，所以它们的抗病能力都是一样的。

最初的小叶榆是从哪里来的呢？研究人员发现英国的克隆子株同样存在于意大利和西班牙，他们推测是罗马人把小叶榆从西班牙带到了英格兰，以便于制作种葡萄所用的木杆。罗马农学家科卢梅拉在他专门论述农业的著作《农医宝鉴》（约公元 52 年）中建议使用榆树特别是一种原产于意大利的安提尼亚榆来制作木杆。这种榆树不产生种子，因此是不育品种。这种说法总体来看还是不够严密的，没有解释清楚为何英国的小叶榆会存在明显的地域差异。

在小叶榆受到病害影响而从世界各地的城市中

消失之后，很多城市景观都发生了不可计量的变化。目前，在阿姆斯特丹、海牙和爱丁堡这三座城市中，通过持续监控病菌和接种移栽抗病品种等措施，还保留有一定数量的小叶榆。

那么，小叶榆的未来又如何呢？证据表明在历史上荷兰榆树病的爆发最终因为病毒入侵真菌而结束，但是目前还没有类似的迹象。关于那些被推测具有抗病能力的小叶榆个体，事实证明其抗病能力并不怎样。由于受到强烈的反对，生产销售经基因改良的榆树品种又是不可能的。看来要想等到小叶榆归来，我们还需要再等上很长的时间。

► 英国榆独特的粗糙叶子。

狐 尾 松

Pinus longaeva

科：松科

简述：寿命长得非同一般

原产地：美国西南部的多山地带

高度：15 米

潜在寿命：超过 5000 岁

气候：通常生长在恶劣的半干旱温带气候下

如果能够见识世界上最长寿的树，就算是为了科研，一般人也不会想着把它砍倒吧。然而在 1964 年，这样的事情真的发生了。一个专门研究树的年轮在记录气候的历史变化方面的作用的研究者，偶然在加利福尼亚的惠勒峰风景区发现了一棵适合研究的狐尾松。他尝试用钻孔器取样本，但连试两次都以钻孔器坏掉而告终。于是，在询问与他同行的森林管理员的意见并获得允许之后，这个研究人员把这棵狐尾松砍掉了。当计算这棵树的年轮时，他才意识到自己砍倒的是有记录以来最长寿的树，这棵树至少有 4844 岁了。

年长的狐尾松看起来像一种非常特别的盆景，毫无生气。它们的生存环境十分恶劣，冬季寒冷漫长，生长季却很短暂，还常年伴随着极度的干旱和烈风。那些长在山顶的狐尾松的生长速度缓慢到年轮几乎不会随着年岁增长而增加（这让狐尾松寿命的测量更加复杂）。因为生长速度缓慢，狐尾松木的密度非同寻常，这保护了狐尾松免受昆虫和病菌的侵害。它们的叶子是典型的针叶，每 5 根一束，长 2 ~ 4 厘米，生长速度也很慢，几乎是所有植物中存活时间最长的叶子，最长可以存活 45 年。

在 3000 米或者更高的海拔下，狐尾松的寿命更长。那些生长在低矮山坡上的狐尾松可能更高大一些，或者更有“树”的样子一些，但是它们没有生长在山顶上的狐尾松长寿。在山顶上生长的树的间隔很大，这是在干旱环境下生长的树的典型特征。它们的形状扭曲，木瘤增生，并且主干经常枯死，从半腰或者根部重新长出新的树干。这也许看起来很荒唐，但阐明了一条重要的生理学准则：资源越贫乏，生物越长寿；资源越丰富，生物却越短命（“生于忧患，死于安乐”）。对实验鼠的研究证实了这一准则在动物身上的准确性。日本人低热量的传统饮食习惯和长寿人数的比例也说明了这一点，人们最好对这一基本的生物事实多加注意。

现存已知最长寿的树生长在加利福尼亚的白山。为了保护它，研究者对其确切的生长地点进行了保密。研究表明，截至 2012 年，该树已经 5060 岁了。由于年轮的大小会受当年生长季气候条件的影响，人们有可能凭此分辨出年代顺序。

从尚存活的树开始，可以建立一个年代表，这样就算已经死掉的树也可以作为对过去气候的记录而被包括进来。这个记录可以追溯到公元前 6828 年，在描绘气候随时间变化时具有重大价值，还为人类对气候变化所产生的影响提供了有力证据。考古学家或其他人士在测量有机材料年代时常使用放射性碳年代测定法，年轮序列在测量结果校正中扮演着重要角色。

尽管狐尾松一般生长在偏远地带，但绝非遥不可及。最古老的一丛狐尾松被保护在美国国家公园中，但是有公路到达那里，从而让准备前来参观这种令人惊叹的树的人都如愿以偿。

◀ 山顶上生长的一棵狐尾松。

塞尔维亚云杉

Picea omorika

科：松科

简述：常绿针叶树，野生云杉稀少，但作为观赏植物比较常见

原产地：欧洲东南部巴尔干半岛上的小片区域

高度：30 米

潜在寿命：未知，但比其他云杉长寿

气候：温带气候

在公园的角落里，通常都会矗立着几棵圣诞树，但是这一般指的是把这种锥状松树上面的部分砍下来之后的情形。尽管单棵塞尔维亚云杉看起来有些形单影只，但这种树凭借其从低处就铺展开的、长满浓密树叶的拱形树枝，显得优雅修长。

作为一种先锋植物（那些最先在新土地上生长繁殖的植物），塞尔维亚云杉和其他先锋植物一样离不开阳光。它们的树干笔直，并且长有针叶树中最为窄小的树冠。在大自然中，这么小的树冠是很不利的，诸如山毛榉等遍布欧洲且拥有宽大树冠的树可以轻易地将其淘汰。但在人类广泛居住的地区，窄小树冠的优势就展现出来了。 事实上，有人认为这种树完美顺应了人类控制的演化进程。景观设计师、园艺师和普通大众都为其即使在开放环境中生长数年也依旧美观的、由整齐的垂枝组成的尖塔状树冠而着迷。由于在土地贫瘠、酸碱化、渍涝化和倒春寒等不利条件下生长的杰出适应能力，塞尔维亚云杉在城镇乡下的各个地方都生长茂盛，成为一种绝妙的公园树木。在优雅不凡的同时，占地面积极小是它们的一大优点。

然而现在，野生塞尔维亚云杉只剩下几千棵。化石记录表明， 在上个冰期之前，塞尔维亚云杉曾在欧洲大陆南部广泛分布，但在冰川融化之后没能恢复昔日的规模。现在塞尔维亚云杉零散分布在波黑和塞尔维亚边境的德里纳山谷的小块区域。这里曾经有成片的塞尔维亚云杉，持续砍伐、过度放牧、火灾、战争以及商业种植园的出现破坏了塞尔维亚云杉的栖息地，数量不断减少。幸运的是，现存的大部分野生塞尔维亚云杉已经被保护在塞尔维亚塔拉山中的潘西奇国家自然保护区中。

早先塞尔维亚人一般称塞尔维亚云杉为 omorika，现在他们选择植物学家约瑟夫・潘契奇（1814—1888）在 1875 年所起的名字 *Pančićeva omorika*。潘西奇最初是一名医生，在一次问诊的时候爱上了塞尔维亚的乡村景色，于是他在继续自己的行医生涯的同时，也发现和命名了很多新种，成为塞尔维亚皇家学会的首任主席。在这一新种被发现之后，各地的植物学家和植物收集者纷纷前来见识这个被认为极其特殊的种，其中之一就是来自英格兰格洛斯特郡克罗伯恩公园的亨利・约翰・埃尔威斯（1846—1922）。约翰・格里姆肖曾是克罗伯恩公园的管理者，他说埃尔威斯在 1900 年参观了塞尔维亚地区，当时那里隶属于奥匈帝国。 他在“萨拉热窝的东部骑马走了一整天”，只为寻找稀少的塞尔维亚云杉。他“最终在一段石灰岩悬崖上找到了……那是山羊们最喜

欢的地方”。由于夹杂在松柏之中，塞尔维亚云杉的种子很难收集，所以他只好砍倒一棵来收集种子。现在，克罗伯恩公园里还有一棵树活着。

自从被引种以来，塞尔维亚云杉就在北美和欧洲被广泛种植，初期是作为观赏植物，也可作为圣诞树。塞尔维亚云杉的生长速度很慢，但是它和黑云杉（*P. mariana*）的杂交种的生长速度很快，并且有可能在将来用于商业目的。现在，最具讽刺意味的莫过于这种美丽、稀少而又濒危的树在公园和花园中的数量要比在野外多得多。

◀ 塞尔维亚云杉是所有针叶树中树冠最窄小的一种。

龙 鳞 木

Polylepis **species**

科： 蔷薇科

简述： 小型常绿树，生长在海拔很高的地区

原产地： 南美安第斯山脉的热带地区

高度： 少数可达 20 米

潜在寿命： 未知，可能为数百岁

气候： 热带高海拔地区

玻利维亚的高原对很多树来说都不适合生长。在那里海拔 4000 米左右的地方，绿草茵茵，丘陵延绵不断。有些时候，旅行者可以遇到一片桉树，而这一般是附近有人家的预兆。考虑到这些树的生长环境如此恶劣，它们的状况可以说非常健康了。或许是受高原缺氧的影响，你才会认为树在这里也能生长吧。但是，为什么不种植本地原产的树呢？继续旅行，你就会发现这片广袤无垠的荒凉大地比表面看上去要复杂得多。这里的很多土地呈梯田状，不如说曾经就是梯田，这表明这些土地以前一定被耕种过。这是一个卓绝的认识，因为这表明这里的人类文明曾经更加发达，土地也更加肥沃。从生态演化的角度来看，就出现了另一个问题：这里曾经是否存在森林景观？

答案隐藏在一些让人意想不到的地方，偏僻的教堂庭院、村落广场、个人花园以及非常少见的两侧都是峭壁的阴暗裂谷中生长着矮小弯曲的灌木。有一些还拥有惊人的色彩，那是醉鱼草（*Buddleja coriacea*），它是花园醉鱼草的近亲，花瓣呈橙色。还有魔力花（*Cantua buxifolia*），开的是精致的粉色花朵。但是，其中一种土生土长的树上覆盖着怪异的、细长的、剥落的树皮，弯曲的树枝长在树干上，树枝上长满了我们似曾相识的深色常绿树叶。这是龙鳞木属的一种，它们自然生长的海拔高度比其他树木和灌木都要高。这些树曾经覆盖了整片高原，但是现在的生长区域被严重限制。高原斜坡上的梯田提供了解释这一变化的线索。这片区域在 15 世纪曾经被人类居住并耕种过，这表明原来这里的树都被砍伐殆尽。欧洲人在 1492 年到达美洲时，无意间将瘟疫传到这里。瘟疫杀死了玻利维亚 90% 的原住民，致使很多耕地就此荒废。在瘟疫中逃过一劫的人们发展起了农牧结合的经济。从此以后，畜牧养殖抑制了树木的再生。20 世纪初，人们又引进了不适合这里环境的桉树。

玻利维亚的高海拔地区的气候恶劣，稀薄的大气层无法阻挡太阳的强光，一天之内的温差变化极为剧烈。龙鳞木细长、剥落的树皮也是适应这种环境的结果。这样的树皮可以保护其下的深层敏感组织，抵挡包括紫外线辐射、火灾、动物啃咬和温度变化在内的一系列威胁。松散的树皮还可以防止苔藓、凤梨等附生植物攀附到树枝上把树枝压低。龙鳞木叶子的形状看起来似曾相识是因为龙鳞木属于蔷薇科，但它是非常特殊的一种，因为它依靠风而不是昆虫传粉。在海拔为 4000 米的地区，也有少数蜜蜂和其他传粉者存在。

如今，龙鳞木很可能因为人类放牧和取火而灭绝。保护组织正在竭尽全力保护当地的生物多样性，从而也保护了龙鳞木。观察一个在低海拔植物园中的样本，也是为了能够更好地观察这一世界上最杰出的树种。

◄ 苏格兰爱丁堡洛根植物园中的龙鳞木。

悬 铃 木

Platanus orientalis 与 *P.* × *hispanica*

科：悬铃木科

简述：大型落叶乔木，具有悠久历史的观赏植物

原产地：法国梧桐（*P. orientalis*）来自巴尔干半岛，横跨亚洲西南部至克什米尔，其分布可能更广泛，但由于长期的人工栽培而很难确定；西班牙悬铃木（*P.* × *hispanica*）是人工栽培的杂交种

高度：30 米，但通常较矮

潜在寿命：2000 岁或更长

气候：暖温带大陆气候，也适应凉爽的温带气候

在树上工作的工人们靠得越近，他们发出的噪声也就越大。在更近的地方，他们的粉碎机发出的声音简直震耳欲聋。不出所料，他们都有保护措施。每当树枝被扔进粉碎机的时候，声音就会变得尖锐刺耳。而背景声中夹杂着一些电锯有节奏的哀鸣，它们的声调取决于它们是在切割树木还是在空转。欢迎来到修剪城市树木的世界。

上述场景几乎出现在世界上的任何一个地方，这是城市树木控制和塑形的必要手段。虽然椴树很好塑形，但是法国梧桐最易修剪。修剪完之后，老枝变枯藤的视觉冲击还是相当残酷的。但是春风吹来，簇簇叶芽生发，可以很快恢复过来。由于对树枝修剪和去顶修饰的良好适应性，法国梧桐出现在庭院和城市环境中。它们可以根据空间和功能需求来塑造形状和大小。在路旁，经修剪去顶的高大法国梧桐可以作为行道树；在城市广场上，枝叶茂密的法国梧桐可以作为广场周边房屋的屏障；在咖啡店的外院中，它们也可以经横向修剪，供人们遮阴。

尽管法国梧桐树极易修剪，但放任不管的话，它们就会长得十分巨大，而且寿命极长。在亚美尼亚和阿塞拜疆边界的一个地区，生长着一棵被认为寿命已经超过 2000 岁的法国梧桐，其空心的树干内可以容纳 100 人。如此体量的巨木，无疑将会被赋予一定的文化价值，例如树木的一部分被做成圣祠，或者树木本身与历史人物和事件相联系。在古希腊，法国梧桐是教师和哲学家的象征。在亚里士多德等先贤就职过的雅典学院中，也种植着一片神圣的法国梧桐。

法国梧桐是欧亚地区最早被正式栽种和交易的树种之一，是作为遮阴树种的最佳选择。直到今天，地中海沿岸地区的咖啡厅和酒吧的顾客们依旧在这些树下乘凉。长久以来，希腊人都会在泉水和水井旁种上法国梧桐，供在此取水和闲聊的人们遮阴纳凉。

法国梧桐与希腊的渊源还不止这些。剑桥大学的校园内有一批雄壮高大的法国梧桐，据说它们是由该校的学生们从塞姆皮莱的战场遗址上带回来的种子长成的。其中生长在伊曼纽尔学院的一些法国梧桐的枝叶已经垂到了地面上，这是一些古树的特征。垂到地面上的树枝甚至可以生出根系，长成新树。英格兰诺福克郡的布利灵克大宅中就有这样的一株，

◀ 法国梧桐的果实会裂开，以散播种子。

它已经大约有 250 岁了。

17 世纪上叶法国梧桐最早被引入中欧和北欧地区的时候，就展现出了对人工环境的良好适应力，但是，最广为人知的并不是法国梧桐，而是法国梧桐与美国梧桐（*P. occidentalis*，一种与法国梧桐类似的、生长在北美东部的树）的杂交品种。令人疑惑的是，美国梧桐在原产地一般被称作西卡莫槭树，尽管它既不是欧洲槭树也不是其他种类的槭树。这种杂交树种被称为西班牙悬铃木，最早培育出该品种的是 17 世纪的西班牙人。在此之后，人们又对其进行了数次改良。

西班牙悬铃木的品性坚韧，对大气污染和土壤板结具有良好的适应能力。在 18 世纪后叶到 19 世纪前叶，随着现代城市规划观念开始取代中世纪混乱的城市布局，西班牙悬铃木被视为城市树木的理想选择。它不仅耐受污染，而且比法国梧桐具有更好的抗真菌感染能力。同时，它又可以和法国梧桐与美国梧桐一样，用作城市广场的大型遮阴树，也可以通过修剪来满足狭小空间的需求。该品种在伦敦被广泛种植，并且由于其在 19 世纪末期到 20 世纪中期的伦敦这种

大气污染严重的城市中依然顽强生存而获得了伦敦梧桐的绰号。在 18 世纪英国的其他一些城市（例如巴斯和爱丁堡）中，也种植有西班牙梧桐，用来装饰当地风格朴素的佐治亚式建筑。

当然西班牙悬铃木也不是毫无瑕疵。这种树木的新叶和果实会释放出大量的毛絮，这会导致哮喘患者的症状加重。在每年年末，相关部门会面临如何清理难以腐烂的落叶的棘手问题。即便如此，这个大型杂交品种依然被视为最适合现代城市规划的树种而被广泛种植。

◀ 外层干枯的树皮（对页图）及其脱落后形成的斑驳效果（左图）。

美洲山杨

Populus tremuloides

科：杨柳科

简述：速生树种，可形成较大的种群，是凉爽气候下的主要景观

原产地：北美北部，向南延伸至墨西中部山区

高度：25 米

潜在寿命：单独分布的树木只能存活数十年，由许多树木形成的种群可以存活数千年

气候：冰爽的温带及以北地区

每一个欣赏过美国西部秋景的人的心中都会珍藏着美洲山杨黄色的叶子在碧蓝的天空的映衬下随风摇曳的绝美景色。但是放眼整片山杨林，就会发现不同地区的杨树的情形有着轻微的不同：有的山杨的叶子已经泛黄，有的还是一片绿色，还有的早已经把大部分叶子落完了。这是研究美洲山杨的生长代谢方式的重要线索。

尽管多数树木都是通过种子来繁殖后代的，美洲山杨却以无性繁殖为主。树根在地下向远处伸展，生出新芽，长成新的植株。美洲山杨的种皮薄，种子缺乏营养，十分脆弱，而且寿命极短。依靠附着的白色毛絮，美洲山杨的种子可以进行长途旅行。种子发芽对环境的要求异常严格，需要常年裸露潮湿的土地。一旦种子成功发芽长成大树，就可以逐渐形成自己的克隆种群。在适宜的环境下，这种克隆生殖方式过于成功，以至于没有足够的空间留给有性生殖的种子。植物学家认为，一些地区的美洲山杨自距今 10000 年前的冰期以来，就已经没有进行过有性生殖了。

美洲山杨是一种在极端气候环境下生长的先锋树种，可以在冬季严寒漫长、夏季凉爽短暂的地区生长。它是生长在最靠近北极冻土带的树种，同时也能适应高山气候。即使凛冽的寒冬摧毁了美洲山杨的树干，它也总能从根部重新焕发生机。遇到火灾时，即使整片树林都化为灰烬，但几年之内，树根会抽出新芽。10 年之内，整片树林就会恢复原来的样子，这就是美洲山杨能够占据大部分地区的秘密武器。

凭借这种卓绝的生存能力，犹他州的一片被称为潘多的美洲山杨林成为了世界上最大、最古老的生物体之一，其占地面积达 43 万平方米，重达 5900 吨。它们的年龄难以确定，但保守估计，已延续 80000 年。虽然没有这片树木那么长寿，但在其他一些地方也存在着规模更大的无性系杨树林。有研究者推测，在一些没有受到冰川作用影响的地区，有可能存在更加古老的、延续了数十万年的无性系杨树林。

由于扩张和保持自己规模的能力，美洲山杨在阿斯彭公园中扮演着重要的角色。阿斯彭公园位于加拿大中西部，那里的草原正在逐渐演化成树林，二者正在进行激烈的资源争夺。这一转化过程的时间跨度十分漫长，为野生动物和美洲原住民的生存提供了便利。

无性繁殖对美洲山杨来说是一种有力的生存手段，但这种生殖方式也有一些缺点。英国榆的故事就是它的前车之鉴。每一棵英国榆的基因都是相同的，它们很多是从根系上生发出来的，这让它们很容易受到病虫害的侵袭。

目前，人们普遍担心的是无性系杨树林的顶梢衰败的情况，尽管有证据指出这种情况并非疾病所致。对山火的控制有助于其他树种的繁荣，从而侵占美洲山杨的生长区域，而对捕食者（诸如狼）的捕杀则导致了鹿群数量的爆发式增长。它们啃食美洲山杨的根出条，帮助针叶树在与美洲山杨的竞争中处于优势。美洲山杨的生长需要火和狼。

▶ 美洲山杨独特的三角形叶子。

水 杉

Metasequoia glyptostroboides

科：柏科

简述：一种具有装饰作用的落叶针叶树，历史悠久，是迁地保护的典范

原产地：中国西南地区

高度：60 米

潜在寿命：未知

气候：湿润的温带气候

一座新型购物中心即将建成营业。一般来说，在这种工程项目中，需要在最后阶段将地面景观的植物元素妥善安置在专业规划中经常说的街道设施、座椅、标识牌和垃圾筒等的周边。在众多备选的植物元素中，入选的是一种叶片细长、具有羽毛质感的绿色小树。尽管貌似平淡无奇，但显然它是为了这个预算巨大的项目所精心挑选的。

人们一般都用这种树的属名水杉来称呼它。这是一个近期才被人们发现的树种，它是半个世纪以来最优秀的观赏树种，但首次发现是通过白垩纪（距今7000 万年）的化石进行的。在这之后，人们才发现它并没有灭绝。事实上，水杉并非异常古老，很多树种（比如玉兰）至少和它拥有同样长的历史。它的独特性在于它被发现的过程，人们首先发现了化石，多年之后才发现活体植株。这段历史赋予这种植物一种特别的纪念意义，它强有力地证明了古生物学研究化石的重要性。

与银杏这种享有盛名的树种一样，水杉也来自被称为古生物多样性宝库的中国西南部。它最开始是作为化石于 1942 年被发现的。三年之后，中国植物学家在湖北省发现了存活的水杉，当时中国正处于抵抗日本帝国主义侵略的战争时期。1947 年，南京大学植物园的郑万钧教授将少量水杉树种子成功地送至位于马萨诸塞州波士顿市的哈佛大学阿诺德植物园 (该植物园在 20 世纪 20 年代为中国培养新一代植物学家做出了贡献)。此后一年，阿诺德植物园派出远征队前往水杉的故乡中国进行调查。在随后的 50 年代，访美的中国学者带来了小批量的水杉种子。在 70 年代末，西方植物学家和中国植物学家再次聚首，组建联合科学考察队前往中国西南地区调查水杉。调查结果并不十分尽人意，大量证据表明很多水杉在战争年代遭到砍伐。这次搜寻到的零星分布的小水杉种群所表现出来的生物多样性水平表明，历史上水杉的分布范围要比现在广泛得多。直到 70 年代末，野生水杉明显处于灭绝边缘。此后，幸存的水杉受到了很好的保护。

水杉的故事告诉我们迁地保护的重要性。所谓迁地保护，就是将要保护的物种从其原生地迁到其他地方进行保护。这种保护方可以防止物种受到其原生地政治、经济条件变化的影响。对水杉来说，有更重要的考虑因素：水杉是一种优良的城市景观树。在阿诺德植物园种下的种子发芽的那一刻，水杉的大繁荣就已经毫无疑问。它的种子被广泛传播，其他科研机构和私人收藏家都喜欢水杉，播下的种子都茁壮成长了。最

◀ 与大多数针叶树不同，水杉可以为秋天增添色彩。

大的一棵水杉生长在纽约州贝利植物园中，来自最初被送到美国的那一批种子，现在已经长到34米高了。

尽管水杉看似可以适应各种温带地区，但是最适合它的条件还是如同它的中文名字水杉所说的，它喜欢潮湿而不积水的土地，而且喜欢阳光。水杉可以适应很多种气候类型，既能在斯堪的纳维亚半岛至地中海地区的广大地区茁壮成长，也能在尼泊尔、南非以及新西兰等地区繁荣昌盛。最近化石研究表明，水杉的分布一度极其广泛。当时极地周围要比现在温暖很多，人们认为它是从东北亚地区逐渐扩散至北美和欧洲的，甚至向北传播至北极圈。冰期的到来结束了全球的温暖气候，导致水杉的分布不断向温暖的地区退缩，其现在的栖息地中国西南部也是在这个时候形成的。

水杉的生长速度极快。在野生水杉生长地区附近，农民用水杉搭建的房屋历经百余年不倒。这不禁让人们欣喜地认为人类又发现了一种新的速生商业木材树种。事实上，水杉木质硬脆，且不喜阴，完全不适合林业种植。它更适合作为行道树，落叶习性和尖塔状的外形使它在城市中占有一席之地。新泽西州枫林镇林业部门的主管R. 沃尔特先生在20世纪50年代水杉刚刚被引入美国的时候就将其作为行道树种植。此外，水杉非比寻常的、带有深沟的树干也极具视觉冲击力。

如今，中国政府对自然资源的保护已不可同日而语。昔日几近灭绝的水杉现在广泛分布于亚洲、北美和欧洲的大片土地，成为了无处不在的行道树。如果你说还没见过，那么它可能就在前往你附近地区的路上。

▲▶ 水杉的叶子和未成熟的球果（上图），以及凹凸不平的树干（对页图）。

第2章 生态

有那么一些树，它们占据了整个栖息地，甚至在某种意义上，它们本身就构成了栖息地。这些树是真正的生产者，维持了整个生态系统。最典型的例子是红树林，这种成片的两栖林保护海岸线不受波浪和风暴的侵蚀。温带地区没有红树林，但是美国南部海岸地区的落羽杉林与红树林一样，也独力构筑了自己的栖息地。长叶松曾一度遍布美国南部，它对抗火灾的能力很强，对现代生态环境产生了深远影响。而在地球的另一端，杉树则通过对土壤化学成分的改变和依附于它的植被参与塑造了当地的生态环境。

在旅途中，人们经常能够遇见由同种树木构成的大片林地。坐上横穿俄罗斯的火车，你就可以见识真正意义上无边无际的桦树林海。而在地中海地区，形成地表景观的则是石松，但是地中海地区人类居住的历史已经十分悠久了，所以石松如此繁荣的景象有可能是人类活动干预的结果。 它的耐火性比诸如橡树等其他曾经占领地中海地区的树种更强。与之相反的是欧洲赤松，如今它在苏格兰地区的分布范围仅仅是以前的一小部分， 但它在欧亚大陆的分布范围极其广泛。松树是一种坚韧的树木，是不折不扣的求生专家，它们度过了令所有地表植物都痛苦万分的冰期。

对于那些徒步穿越欧洲山毛榉林的旅行者来说，山毛榉林可能也是无边无际，但是遍布中欧的山毛榉林可能不是自然演化的结果。对于山毛榉能否在没有人类活动干预的情况下形成单一树种森林，以及现在这种规模的山毛榉林是否只是其他物种到来形成多元化生态系统之前的昙花一现， 人们在这些问题上存在争议。然而，大多数树种并不会被完全替代，而是成为复杂生态系统的一部分。树木也为各种鸟类和其他动物提供食物和栖息地，比如弗吉尼亚栎、酸木和滇缅榕等。

有些树木（例如黑杨）的繁殖方式极其特殊，以至于因受到人类活动的影响而险些在一些国家灭绝。位于敏感地区的小种群的消失往往意味着整个物种的灭绝，如开曼流苏树。还有一些物种人们可能非常熟悉，但其数量比原来少得多， 北欧的冬青树就是一个例子。

一些树似乎能够紧追时代的变化，重新定义生态系统。美国红枫正在不断进逼北美东部原生林地植物群中其他植物的领地，以获得更大的发展。桉树和刺槐的分布范围也远远超出它们原来生长的区域。

◀ 一片欧洲山毛榉林。

美国红枫

Acer rubrum

科： 槭树科

简述： 中型落叶乔木，北美常见树种

原产地： 北美中部和东部

高度： 15 米

潜在寿命： 150 岁，极少数可达 200 岁

气候： 凉爽的温带气候，也适应暖温带气候

这是一种比较常见的树，它们是秋天的使者，先是一两个枝杈由黄色变为橙色，再变为橙红色，然后其他枝杈逐渐加入进来。这种随着秋意渐浓而逐渐变色的罕见习性，使得美国红枫在它的“一键换装”的近亲中脱颖而出，让人眼前一亮。

我们一般无须费力便可欣赏美丽的“枫景”，因为它们无处不在。路旁、公园、住宅区和工业区中都有它们存在，分布范围涵盖北美和欧洲。长期来看，美国红枫可以在没有人工干预的情况下不断扩大自己的种群。美国的林业部门认为这是美国最常见的树木，正在不断蚕食橡树、松树等其他常见树种的生存空间。它们的扩张能力目前还没有合适的用途，但其潜力毋庸置疑。在欧洲，偶尔也可以发现子代美国红枫，这是很稀奇的事。在 18 世纪引入欧洲的大量北美树种中（美国红枫于 1695 年到达欧洲），很少有树种能够表现出自然再生的能力。美国红枫的美丽是慷慨的，无论是在垃圾场、废弃的工厂中还是在荒芜的土地上，它们都能健康成长。即使没人种植，它们迟早（在它们的原生地或者其他任何地方）也会不请自来。

美国红枫的传播说明人类活动会影响自然环境，进而改变生物多样性，从而创造出新的生态系统。那些后工业时代废弃的土地构成了一块块人造领地，这些土地就是美国红枫的栖息地。在欧洲广泛分布以前，美国红枫或多或少地局限于湿润的土壤，但现在适宜它生长的土地类型很多，包括干燥的土壤。此外，它还能适应高海拔和不同的光照水平，后者非常重要，因为任何一棵能忍受邻居树荫的树在森林中都有巨大的优势。

早期开展的美国森林调查显示，美国红枫的数量不足当时树木的 5%，但截至 20 世纪 60 年代，这一比例迅速增加。20 世纪，美国红枫数量的增长第一次受到抑制可能缘于火灾，美国红枫比北美的其他大部分树种更容易受到火灾的破坏。在欧洲人定居之前，美洲印第安人常常故意生火来驱赶猎物，为鹿等动物开荒种草以保证自己重要的食物供应。早期的欧洲殖民者也因工业过程（如采矿和冶炼等）失去控制而引发了大量火灾，破坏了大片林地。但随着火灾的减少，美国红枫再度开始扩张。美国红枫是一种寿命相对较短的物种，在森林演替的早期阶段很常见。大面积砍伐后重新生长的现象对美国红枫较为有利，即使最终它们会被生长缓慢而寿命

◀ 这棵美国红枫宣示了秋天的到来。

较长的物种（尤其是橡树）所取代。现在的情况是，很多人为因素对美国红枫的生长有利，但一些因素也促使美国红枫向其他物种的领地扩展。

美国园艺师和房主的噩梦——白尾鹿数量的急剧增长也与美国红枫的扩张有关。白尾鹿在生长季节喜欢吃橡树而不是枫树。在这个季节，幼苗受到的伤害最大，所以橡树比枫树更容易受到影响。此外，美国红枫比橡树从落叶中恢复得更快。鹿的数量因为狼的消失而急剧增长，每年到森林里来的业余猎手的数量显然不够多（或能力不足），不足以产生大的影响。在城镇周围的许多地方，鹿对生物多样性的影响逐渐被认为是一个主要问题。然而，如果你提出一条宰杀建议，总会有人抗议——通常来自那些非常乐意吃用工厂化养殖的牛的肉制作的汉堡的人。

枫叶美景也是促使美国红枫广泛分布的一个重要因素。人类活动对物种演化和生态过程的影响很大。如果一个物种被人们有意种植，它就有可能让幼苗进入附近的栖息地并继续传播。与大多数在秋天颜色漂亮的树一样，美国红枫会产生相当大的变异，颜色特别漂亮或明显的个体会被园艺师挑选出来进行繁殖。这些品种很受欢迎，它们要求特定的温度条件或土壤化学环境。美国红枫园艺种“宏葡萄酒”呈令人吃惊的紫红色，而“十月荣耀”则呈深红色。“秋天尖塔”呈暗红色，但叶形较窄，适合较小的后院或狭窄的城市空间。它也非常耐寒，已被明尼苏达大学选择在美国北部和加拿大种植。叶形更窄的是“斯坎伦”，它呈柱状。

美国红枫曾作为枫糖浆的来源，但它的产量不如糖枫（*Acer saccharum*），而且品质较差。除了作为景观树，美国红枫的另一个经济用途是提供木材。美国红枫木的品质相对较差，但与其他枫木一样，这种木材呈暖色，具有迷人的纹理，因此有时也用于制作地板和板材贴面。也许我们需要为美国红枫找到更多的用途。

▶ 美国红枫的叶子，落下时通常是红色的。

刺　槐

Robinia pseudoacacia

科：豆科

简述：落叶乔木，容易引起不同的意见

原产地：美国东南部

高度：可达 50 米，但通常要矮一些

潜在寿命：至少 300 岁

气候：暖温带气候，也适应凉爽的温带气候

一些志愿者正在切割已经被砍倒的树木，清理和焚烧灌木丛，而其他志愿者穿着防护服，正忙着给树桩的切面涂上化学涂料。远处，电锯的呜呜声表明还有一位专业的护林员正在努力限制刺槐入侵传播。这一幕可能出现在美国的大草原上，也可能出现在中欧的奥地利。

许多专家认为，刺槐在美国东南部的传播范围超出其自然分布范围时， 后果很严重。在其他地方，这种树却因为木材和花蜜而备受重视。黄叶刺槐是很受欢迎的花园品种。另一个品种伞形刺槐是一种非常规整的、拖把形状的树，经常被种植在法国和德国的城市中。很少有物种能如此清楚地诠释我们对树木的复杂情感。

对于北美的欧洲殖民者来说，刺槐毫无疑问是最好的伙伴，其木材非常坚硬致密，比其他原生树的木材都耐腐蚀。被引入欧洲后，刺槐在法国和中欧地区漫长而温暖的夏季环境中的长势极好。在法国，它以花蜜而闻名。尽管这种被称为“金合欢蜂蜜”的刺槐的花期短暂多变，但它仍是养蜂人最喜欢的树种。在那些夏季温暖的地区，刺槐的茁壮成长和繁殖（无论是根的无性生殖还是种子的有性生殖）造成了很大的问题。20 世纪末，刺槐在中欧（如德国和波兰）和美国中西部地区都被当作外来入侵物种。

刺槐比其他树种更适应贫瘠的土壤。与豆科的其他植物一样，刺槐能够与土壤中的某些细菌形成共生关系。这些细菌固定空气中的氮，并将其转化为绿色植物可以吸收的可溶性硝酸盐。这使得刺槐在肥力不足的沙质土壤中具有巨大的优势。20 世纪初，人们认为刺槐在轻质土壤中生长良好的能力非常有助于控制水土流失，因此该物种得到了广泛种植。但是，刺槐的繁殖速度是可怕的，因为它会覆盖原生植被。对于那些相对脆弱的生态系统来说，这一问题尤为突出。刺槐落的叶子很轻，分解得快，几乎不会留下易燃物。因此，对于刺槐林地来说， 生态系统控制入侵物种的机制毫无作用。

在法国和中欧，人们大量使用刺槐作为燃料，以控制它的传播。和其他致密的木材一样，刺槐也是一种优质的木柴。 它的燃点较高，但热值几乎和无烟煤（一种含碳量非常高的煤）一样高。在美国，一种蛀虫在幼年时期就寄生在刺槐上。这会让木材变得毫无用处，只适合作为木柴。

毫无疑问，我们会继续享用槐花蜜，偶尔也会在刺槐木燃起的大火旁取暖，但这种猖獗的物种现在常常被视为人类的敌人而不是朋友。

▶ 公园中常见的伞形刺槐，树冠呈伞形（对页左图）；刺槐的叶子（对页右上图）和嫩枝（对页右下图）。

桦 树

Betula spp.

科：桦木科

简述：一种重要的落叶乔木，极具观赏价值

原产地：欧亚大陆北部和部分山区，以及北美

高度：20 米

潜在寿命：可达 100 岁，但通常要短得多

气候：凉爽的温带及以北地区的气候

1909 年，德国印象派艺术家马克斯·利伯曼（1847—1935）在柏林郊外的万赛湖畔买下一座别墅，迎接他的是在这片土地上蓬勃生长的桦树林。它们不仅看起来像野草，而且生长速度几乎和野草一样快。它们可能已经被历任房主砍伐过很多次。然而，利伯曼想留住它们，于是他采取了激进的设计方案，在砾石小路中间留下一棵桦树，并描画下了这个场景。一个世纪后，我们依然可以感受到作者对桦树及其密集生长方式的敬意。

众所周知，桦树皮与众不同。在北美和欧洲，桦树皮往往是纯白色的，但也有许多其他颜色。加拿大黄桦（*Betula alleghaniensis*）的树皮是黄褐色的；水桦（*B. nigra*）的树皮是浅棕色或近乎粉色，而且相对粗糙；岳桦（*B. ermanii*）看起来是粉灰色的；而红桦（*B.albosinensis*）看起来像抛光的铜。这种颜色是由树皮中的许多微小的气穴导致的，这些气穴会反射光线。不同年龄的树的皮在颜色和质地方面都会有很大的不同，老树的皮容易开裂，表面光滑纯净的部分也会破碎。

◀ 桦树可以生长在恶劣的环境中。

垂枝桦（*B. pendula*）的银色树皮十分引人注目，它是北方地区最具辨识度的树木之一，特别是在斯堪的纳维亚半岛、俄罗斯和波罗的海国家的部分地区。这种辨识度缘于桦树林中的树木往往非常均匀，每棵树的年龄相似。这种均匀性是垂枝桦作为生态演替过程中的先锋树种的结果。在火灾或砍伐之后，桦树幼苗大量出现，很快就作为茂密的树木占据整个地区。这些树木几乎是在同一时间开始萌芽的。随着树龄的增长，树荫变得过于浓密，以至于更多的幼树无法生长。垂枝桦的寿命往往很短，正如许多先锋物种一样，它们的寿命通常只有几十年。在通常情况下，桦树往往分散在其他树木之间，作为动态开放的林地环境的一部分。

桦树的种子小巧轻盈，很容易随风飘落到远离亲本的地方。它们常常落在岩石缝隙和屋顶瓦片之间，这意味着我们有时即使在最不稳定、最不起眼的地方也能看到桦树的身影。桦树的生长速度快，需求的养分很少，并且耐受酸性土壤。这种能力使它们能够率先在发生滑坡的山地、荒废的牧场、火灾后的荒原、废弃的火车站、废弃的化工厂以及被火烧毁的建筑中迅速生根发芽。除了能够在看似毫无希望的土壤中生长之外，它们还具有极强的耐寒能力，能够在低温下生长，因此在北极苔原以南的地带也很常见。

桦树属植物独特的树皮及其对不同环境的适应

能力保证了它们在观赏植物中的地位。在桦树中，树皮最白的品种当数北美的纸桦（*B. papyrifera*）和喜马拉雅桦（*B. utilis* var. *jacquemontii*）。在人工栽培的桦树中，有进取心的园艺师通过多年培育来选择最优秀的品种并为其命名，并采用嫁接技术保证幼苗的性状与亲本相同。

相对较短的寿命也意味着木材的产出不多。然而，桦木在质量上的优点弥补了它在数量上的不足。桦木可用于制造装饰性的单板，桦木胶合板被认为是最好的胶合板之一，非常适合制作滑板。桦木还具有优良的声学品质，在高频和低频下能产生良好的共鸣效果，因此长期以来广泛用于制作鼓和音箱。几千年来，剥落成长条状的桦树皮被北方和山区的人们大量使用，可以用来制作防水屋顶的底层，可以卷起来制作容器，也可以作为纸张的替代品。有趣的是，美洲印第安人用桦树皮作为固定断肢的“石膏”。他们把树皮弄湿，将其包裹在树枝上，当树皮变干收紧时，一幅夹板就做好了。

桦树在早春就开始抽芽，这种再生能力使人们产生了许多联想。在治疗肾病和其他泌尿系统疾病的草药中，桦树叶是许多制剂的基础，在春天抽取的桦树汁液也被使用过。不过，树液的传统用途主要是生产桦树啤酒。现在美国的桦树啤酒不含酒精，它由草药制成，桦树皮提取物就是其中之一。

◄▲ 许多种类的桦树的树皮容易剥落，叶子在秋天呈黄色。

冬 青

Ilex aquifolium

科：冬青科

简述：在其生长地是一种非常常见的常绿阔叶树

原产地：欧洲、西亚、北非的部分地区和中国的大部分地区

高度：10 米

潜在寿命：有些已达 500 岁

气候：凉爽的温带气候

圣诞节尚未到来，而寻找盛产红色浆果的冬青的行动很早就开始了。乡下人可以在住处附近的树篱中寻觅，而城里人则不得不去商店购买。在英国，如果不能在传统的圣诞布丁上加上一小段叶子光亮且带刺的树枝和一簇鲜红的浆果，那么这圣诞节不过也罢。冬青已经深入全世界以英语为母语的人们的灵魂中，并且经常出现在各种圣诞风俗中。有一首可以追溯到维多利亚时代的圣诞歌曲，名字叫《冬青和常春藤》，讲述的是在过去的岁月里，冬青和常春藤（攀缘植物）是这个国家中仅有的两种能用来装饰教堂的常绿植物。尽管现在有很多其他的常绿植物可供选择，冬青的地位有所下降，但它依旧占有一席之地。

在德国，冬青在基督教历法中具有不同的象征意义。在这里，它与圣诞节的关系较小，而与棕树节的关系更大。棕树节是为庆祝耶稣进入耶路撒冷而设立的盛大节日。据说，当时人们曾用棕榈叶欢迎耶稣的到来。从那时起，人们就一直用棕榈树装饰教堂，以纪念此事。而德国直到近代为止都没有棕榈树，因此传统上一般用冬青作为替代品。

在北半球分布的400多种冬青属树种中，用在西方宗教和节日庆典中的枸骨叶冬青（*Ilex aquifolium*）是最常见的树种。欧洲殖民者将其作为装饰物引入北美，同时也给欧洲带回一些美洲的冬青树种。拥有深绿色（或杂色）的叶子和纯正的红色浆果的冬青往往很受欢迎，因为它们可以为冬季的花园带来生气。但是，与许多常绿植物不同，欧洲冬青和其他多刺冬青一般不会作为修剪的对象。虽然它们很容易修剪成树篱或者其他形状，但是想修剪出漂亮的形状十分困难。同时，修剪会减少冬青的花，进而降低浆果的产量。在其他地方，小叶冬青非常受欢迎，尤其是远东的齿叶冬青（*I. crenata*）经常被称为“云中冬青”。

冬青是雌雄异株的植物，这意味着它们不是雄性就是雌性。雌株可产浆果，但只有在周围有可授粉的雄株提供花粉的情况下才产浆果。浆果并不是园艺师和景观设计师培育冬青的唯一理由，比如一些具有十分亮眼的金色、银色或杂色叶子的品种同样很值得培育。在地中海地区，有一种叫作“金后”的品种，事实上有些名不副实，因为它们是雄性，不会产浆果。银边枸骨叶冬青是一个变种，叶子的上表面带有刺，其中雄性变种“Ferox Argentea”的叶缘是银白色的，

◀ 冬青很少有机会长大，但在条件允许的情况下可以长得非常壮观。

雌性变种“ Handsworth New Silver”的浆果是红色的，英国皇家农业科学协会还为此授予其花园荣誉勋章。玉粒红冬青则是枸骨叶冬青中少见的无刺品种。

在中北欧地区，像冬青一样的常绿木本植物并不多。因此，冬青具有一定的优势，它在冬季也能进行光合作用，而大多数乔木和灌木往往以落叶休眠的方式度过寒冬。人们一般认为冬青属于下层林木，生长在较高的落叶乔木（例如橡树）下方。只要有足够的时间和空间，它就能够生长存活。在凉爽湿润的野外条件下，冬青会长时间暴露在冷风和霜冻之下，但它依旧生长良好。冬青可以在林地次生演替方面发挥重要作用，其种子可通过前来觅食的鸟类广泛传播。一旦生根发芽，它就可以长成非常适合鸟类筑巢和栖息（刺和密集的枝叶可以阻挡捕食者）以及大型树种生长的灌木丛。同时，它似乎也可以增加土壤的肥力，有助于其他物种生长发育。鉴于此，人们认为冬青可以在草地向林地演替的过程中发挥重要作用。冬青很少单独形成林地，尽管历史记录表明在爱尔兰和苏格兰地区曾出现过纯冬青林地。

冬青的浆果对包括人类在内的许多哺乳动物来说均具有轻微的毒性，经霜打软化之后，鸟类可以安全食用。在没有其他更加美味可口的果实的冬季，冬青的浆果便是鸟类最重要的食物来源。冬青的浆果和一些亚种的叶子含有化学物质可可碱和咖啡因，它们对神经系统具有温和的刺激作用（可可碱是巧克力中的精神活性成分之一）。生长在南美的巴拉圭冬青（*I. paraguariensis*）的叶子就含有这两种物质，这种叶子在阿根廷和乌拉圭被制成了广受欢迎的饮料。

冬青的刺可以保护自己免遭掠食，这是它作为林地先锋物种的另一个优势。这种保护机制可以帮助冬青在动物们都饥不择食的恶劣环境中顺利生长。但是，冬青的幼苗非常鲜嫩、柔软，以至于山坡上时常出现由于羊的不断啃食而生长不良的“侏儒冬青”。冬青幼苗对动物来说是美味佳肴，因此几个世纪以来，人们一直在栽培冬青幼苗来饲养家畜。或许这就是许多乡村地区的人们仍然认为砍伐冬青很不吉利的原因，那里的人们在树篱中发现冬青时，都会让它们留下来长大成树。

▶ 冬青的叶子有很多类型，并不总是带刺。

酸　木

Oxydendrum arboreum

科：杜鹃花科

简述：一种独特的落叶乔木，具有其原产地的鲜明特征

原产地：美国东南部，主要分布在阿巴拉契亚山脉

高度：20 米

潜在寿命：未知，但很少超过 100 岁

气候：温暖到凉爽的温带气候

养蜂人正在忙碌，他们穿着沉重的防护服笨拙地移动着，用专用工具将蜂箱的各个部分分开，然后将蜂箱中的每个巢框抬起，让阳光能照射到。其中一些巢框会被放回去，剩下的则被放到一边。养蜂人以干练的动作完成这些工作，与普通人接近蜂巢时的谨慎截然不同。在阿巴拉契亚山中，养蜂人正在忙着清理周围花期较早的鹅掌楸和漆树中的蜂巢，以便当酸木开花时，得到尽量纯净的蜂蜜。蜂蜜公司最关心的就是北卡罗来纳州的酸木蜜中可能掺有其他蜂蜜。

众所周知，酸木蜜是北美地区生产的品质最好的蜂蜜，但是要确保它纯净是很难的。相对于另一种品质上乘的蜂蜜——帚石南花蜜，酸木蜜的酿制要困难得多，那里蜜蜂能采集到的花蜜种类较少。酸木和帚石南（*Calluna vulgaris*）看起来完全不同，但它们都属于优质的蜂蜜树种家族——杜鹃花科。杜鹃花科因花蜜的甜味而闻名（部分杜鹃花的花蜜有毒）。酸木是杜鹃花科中的巨人，大多数杜鹃花科植物都是灌木（如杜鹃花和蓝莓），甚至还有更矮小的（如蔓越莓）。杜鹃花科植物的花朵都非常艳丽，其中大部分花朵的样子都相同，一串串白色的花朵有点像人们熟知的山谷百合。酸木就拥有这种花型，同样的还有园艺师更熟悉的珍珠花。杜鹃花科植物生长在大多数植物难以生长的酸性土壤中。实际上，它们需要酸性土壤。像许多木本植物一样，它们的根与某些真菌采用共生模式。在贫瘠的土壤中，这些真菌会吸收土壤中的养分，并将其转移到植物中，以合成碳水化合物。每一种杜鹃花科植物都与特定的真菌形成共生关系，而真菌需要大量可溶性铁元素才能进行化学作用。如果存在高浓度的钙元素而使铁元素不溶或者难溶于水，则真菌无法健康生长，植物也将因此患病。这解释了一些自然栖息地中杜鹃花科植物的多样性，而在一些花园中则完全没有这种现象。

顾名思义，酸木全身都是酸的，叶子的味道极酸。然而，酸木蜜的味道非常棒：绕口柔，一线喉，让人回味无穷。它的上乘品质足以支撑起酸木种植和蜂蜜加工业。阿巴拉契亚山是著名的贫困地区，仅有的产业是露天煤矿开采和旅游业。采矿会对景观造成毁灭性的打击，有时人们会说服矿业公司履行其义务，在煤炭采尽后恢复景观时种植新的树木。酸木一般不包含在修复计划中，但最近的一些修复计划优先种植酸木，这有助于蜂蜜加工业。

▶ 酸木的树皮粗糙，叶子在秋天呈鲜艳的颜色。

落 羽 杉

Taxodium distichum

科：柏科

简述：大型落叶针叶树，是其产地景观的重要组成部分

原产地：美国东南部

高度：40 米

潜在寿命：超过 1500 岁，在某些情况下超过 3000 岁

气候：暖温带气候，也适应凉爽的温带气候

在潮湿闷热的空气中，仅能听到微弱的虫鸣和些许鸟叫。虽然参观鳄鱼是此地旅游的招牌，但这里的鸟儿更加有趣。各种各样的鹭鸟在树上筑巢，在广阔的栖息地里觅食。对于那些不熟悉路易斯安那沼泽的人来说，此时仿佛置身于只有在博物馆的地质画廊中才可以看到的石炭纪沼泽中，只是这一切并非虚幻。

就算你已经知道路易斯安那沼泽的水位在一年内变化频繁，有时甚至会出现干燥的地面，当看到树木直接从水里钻出来的景象时也会觉得不可思议。游客们乘独木舟游览时往往会遇到一些障碍，这些障碍有时是一些从水中冒出来的、长相奇特的圆角木柱。护林员称它们为“膝盖”，其学名为“气生根”。尽管尚有疑问，但目前人们普遍认为气生根是中空的，其作用是将空气输送到根部，以保证氧气的供应。气生根并不是这里最主要的树种落羽杉的专利，其他树种也会演化出气生根，但是落羽杉与气生根的关系最紧密。气生根的存在表明落羽杉已非常适应沼泽环境。它在欧洲的同类表明，这种树可以在比原产地更寒冷的地方生长。作为少数落叶针叶树之一，落羽杉长期以来一直被当作观赏植物，但人们经常将落羽杉与其近亲水杉混为一谈，因为二者都有柔软的淡绿色针叶和圆锥状树冠。这两种树至少起源于白垩纪中期，并且在恐龙时代的分布更加广泛。

◀ 落羽杉的“膝盖”有助于促进根部的呼吸。

落羽杉是美国南方沿海湿地中的标志性树种之一，个别植株的体积和年龄之大使其远近闻名。同时，这种树也是重要的木材来源。目前已知最古老的落羽杉位于北卡罗来纳州，据说大约为 1600 岁。历史上，落羽杉曾作为重要的木材，但如今它的主要优点已经转变为产量而非质量。柏树沼泽是地球上木材产量最高的生态环境之一。落羽杉木的防水性能极好，甚至史前时代的阴沉木仍然可以使用。

穿越路易斯安那州的沿海地带时，你会发现落羽杉似乎无处不在，但是很多区域被枯木林所覆盖。这是因为海水倒灌入沼泽，导致沼泽内的树木死亡，乃至整个森林生态系统崩溃。目前沼泽正在逐渐消失，因为密西西比河堤坝的约束，沼泽淤泥无法及时得到补充，富含营养物质的沉积物只能被河水冲入墨西哥湾。柏树沼泽不仅是重要的生态系统，同时也具有重大经济价值。一方面，它们是美国重要的渔场（美国水产品的 30% 来自这里）；另一方面，可以作为飓风的保护性警戒线，对这里遍布的石油和天然气管道起到保护作用。据估计，到 2050 年，将会有罗得岛面积大小的沼泽地消失。希望后人能够给予这种珍贵的树木及时的保护。

欧洲山毛榉

Fagus sylvatica

科：壳斗科

简述：具有巨大的景观、生态和经济价值的落叶乔木

原产地：地中海地区北部、意大利南部高海拔地区以及欧洲其他地区

高度：40 米

潜在寿命：300 岁

气候：凉爽的温带气候

在炎炎夏日里，走进斯洛伐克布拉迪斯拉发的树林，你会由衷地感谢山毛榉带给你的阴凉和舒爽。光滑笔直的灰色树干柱柱擎天，向四面八方延展开来。但经过一小时的徒步旅行后，大多数旅行者就会开始希望风景能有所变化。在喀尔巴阡山中度过一天后，大多数人则会觉得他们再也不想多看山毛榉一眼。山毛榉独占了整个森林空间，就连地面上也鲜有其他植物存在。

在温带落叶乔木大家庭中，山毛榉是特立独行的那一个。它可以改变周围的环境，适应能力极强，在气候干旱、潮湿以及土壤贫瘠的地方都能生长。它的叶子排列整齐，极少重叠，可以最大限度地吸收阳光。这意味着地面上的植物几乎无法接收阳光的照射。山毛榉的根系能高效地吸收水分和养分。每年山毛榉都会掉落大量叶子，孩子们常常高兴地走到没膝深的落叶堆中玩耍嬉戏，干燥的树叶发出沙沙声。但山毛榉的叶子腐烂分解所需的时间比其他种类的落叶要长得多，因此往往导致其他植物无法生长。一旦成长起来，山毛榉就不会允许其他树木有与其竞争的机会。但对于我们的祖先来说，取之不尽的枯叶在没有稻草的情况下帮了大忙，可以代替稻草作为牛马的饲料。在中欧地区，全家人都会出来收集这种宝贵的饲料。春天，嫩绿的树枝也可以用于喂养牛等牲畜。

光滑的树皮、雄壮伟岸的树干和优雅的身姿使山毛榉成为欧洲优秀的景观树种之一，在多风的地方尤是如此。在苏格兰梅克鲁尔自然保护区的北侧，有一道由山毛榉组成的世界上最大的树篱，高约 35 米，长约 180 米。山毛榉也可以作为花园篱笆，如果定期修剪，山毛榉会在冬天保留其枯叶，只有在春季新叶生发时，旧叶才脱落。山毛榉不能剥皮或者抛光，因此它与白蜡木、橡树和菩提树不同，人们无法采用欧洲传统的加工工艺来处理山毛榉木。山毛榉能轻易占据易于耕作的肥沃土地，因此这种树受人口增长的影响很大。但是，到了中世纪末期，情况发生了变化。在德国，人们发现山毛榉不仅是一种非常好的木柴，而且所产生的灰烬是钾元素的优质来源，对肥皂和玻璃制造来说至关重要。因此，人们种植了许多山毛榉。

山毛榉木呈浅棕色，带有金色光泽，质量很好。这种木材的质粒短，易于加工，同时又很耐磨。它可能不足以支撑沉重的结构，但对受热特别敏感，这意味着它可以比大多数木材更容易弯曲。这些因素导致

◀ 山毛榉成年植株将根牢牢地固定在薄薄的土壤中，在开阔地带能经受住风吹雨打。

山毛榉木在家具制造中特别受欢迎。在从游走商贩或集市上购买粗糙的家具的时代，山毛榉木家具是最常见的家具之一。这些家具是由后来被称为“巡回者”的人制作的。他们生活在树林中或附近，有时几乎可以称为游牧民族，因为他们从优质木材的一个产地转移到另一个产地并向人们兜售家具。他们所用的工具粗糙，也几乎不进行测量，但是他们为那些负担不起精美家具的人提供了坚固耐用的家具。后来，“巡回者”开始大量生产零部件，然后将其出售给家具厂。

19 世纪末，山毛榉开始被越来越多的农民和景观设计师所欣赏，它们被种植在公园绿地和更大的乡村花园中。山毛榉变异出现特殊性状时，如果这些性状有价值，人们就会对其进行培育。叶子呈深紫色的品种称为紫叶山毛榉，在 20 世纪初的爱德华时代特别流行。因此，拥有紫叶山毛榉古树也是花园具有悠久历史的证明。“达维克”是修建于 1860 年左右的苏格兰同名庄园中的一棵山毛榉，它像钻天杨一样挺拔，在露天环境中格外引人注目。成年垂枝欧洲山毛榉雄伟壮观，尤其受到孩子们的喜爱，他们喜欢躲藏在低垂的树枝中。

山毛榉分布广泛，装点了许多农村和郊区环境。它不仅是树，也是许多欧洲国家的国境线。山毛榉是一种非常好的防风树，这也是人们能够频频在空旷的露天环境中看到它的原因。它是体量最大的树种之一。凭借其威严与规模，山毛榉是欧洲最佳景观树的不二之选。

▲► 苏格兰南部的山毛榉（上图和对页图），一些大型树木是由以前的树篱长成的（第 74 和 75 页图）。

欧洲黑杨

Poppulus nigra* subsp. *betulifolia

科：杨柳科

简述：一种对景观有重大影响的落叶乔木，现在少见

原产地：西北欧和西班牙，其他亚种遍布欧洲至中亚地区

高度：30 米

潜在寿命：许多树木的年龄已超过 200 岁，最古老的已经超过 300 岁

气候：凉爽的温带气候

成年黑杨雄伟壮观，枝叶繁茂，树冠巨大。树枝并不是均匀地分布在树干上，其结果就是一些老黑杨的树冠往往有一些看似诡异的缺口。黑杨一般分布在土壤厚实肥沃的河谷和农耕地区。人们为了获得又长又直的木材，通常需要对黑杨进行定期修剪。

黑杨曾是河漫滩平原上森林中的主要树种，而目前这种杨树在北欧地区已所剩无几。它们被砍伐殆尽，以便为农业耕种留出更多的土地。黑杨的种子一般通过杨絮传播，需要迅速落在潮湿的泥土上才能萌芽，因为种子的活性很快就会消失。在经过细致的景观规划的欧洲，几乎找不到适合黑杨的种子萌芽生长的土地。此外，黑杨为雌雄异株，雌株数量稀少且相隔甚远。例如，在英国和爱尔兰，雌株数量不足黑杨植株总数的 9%。

在英国，大多数黑杨是以扦插的方式培育出来的，结果导致很多黑杨的基因完全相同。雌株由于会产生大量随风飘舞的杨絮而不被人们青睐。黑杨极易生根，已经演化出在经历过洪水漫滩或者山体滑坡的废墟上生根发芽的能力。同时，黑杨木在传统经济中受到的追捧也使该物种更占优势。黑杨木轻巧结实，具有一些独特的物理特性。从较老的黑杨上获得的弯曲木材可以用作“椽架”，这是一种原始的木结构。黑杨木承受和吸收冲击的能力使其在制作手推车和步枪枪托方面广受欢迎，而其高燃点也意味着建筑商通常会选择它作为房屋上层的地板材料。

多年来，人们一直不知道英国到底还有多少黑杨。19 世纪，一种速生型的杂交品种欧美黑杨（*Populus* × *euramericana*）被人们广泛种植。欧洲黑杨可以轻松与美洲黑杨（*P. deltoids*）杂交，这种杂交品种的生长速度远超过欧洲黑杨，如今这种杨树多用于制造廉价家具和纸浆。欧洲黑杨及其各种杂交品种看起来非常相似，即使经验丰富的植物学家也很难将其区分开来。因此，多年以来，没有人真正了解欧洲黑杨是多么稀有。1973 年，植物学家埃德加 · 米尔恩 – 雷德黑德开始对英国的树木进行调查，发现欧洲黑杨只有数千棵。

通过 DNA 分析，生物学家终于能够全面了解英国的欧洲黑杨种群的基因组成。它们大体由两部分组成：一部分与横跨英吉利海峡的大陆区域的欧洲黑杨基因相似，另一部分来自西班牙。几乎可以肯定，前者是上一个冰期的产物，但是后者如何到达英国目前还无从得知。

◄ 黑杨的枝条肆意生长，叶子呈三角形。

石 松

Pinus pinea

科：松科

简述：常绿针叶树，与人类有着长期的联系，可为人类提供食物

原产地：地中海盆地

高度：25 米

潜在寿命：250 岁

气候：地中海气候，也耐寒

石松独特的伞状树冠是地中海地区最具特色的景色之一。生长在市区的石松可以用来遮阴，其树冠下没有一根多余的树枝，是城市建设中的理想树种。在乡下的一些地方，石松也会形成广阔的森林。由于树木的形状，林中往往具有相对开放、宽敞的空间。在过去的几千年中，地中海见证了人类历史的发展，也目睹了石松命运的变化。大量的石松遭到砍伐、烧毁，受到畜牧业的摧残；而其可食用性又引起人们的关注，得到大量种植，生长范围远远超出了自然分布区域。

石松具有很强的防火能力。幼苗一般先迅速长高，然后才开始横向生长。这样一来，成年石松的叶子远离地面，不会受到火灾的影响。在意大利，单棵石松的造型已经成为一种标志，经常出现在法国艺术家克劳德·洛兰（1600—1682）以后的绘画作品中。

尽管有些在饮食方面较为保守的人士可能会感到惊讶，但石松是已知最早可食用的植物之一。地中海和中东地区的美食爱好者熟悉石松的种子——松子，这是最昂贵的坚果之一。远古时期，人们可能一到地中海地区就发现了松子这种美食，因为松子易于采集，富含蛋白质和矿物质，营养丰富。

石松是十来种盛产松子的商业松树中最重要的一种，其松子隐藏在重达 5 千克的巨大松果中，一般需要三年才能成熟，比其他品种长两年。大多数松树的松果在成熟时会裂开，以便带翅的松子随风飘走。但是石松的松果会保持紧闭状态，直到受到高温烧烤才会打开。此时，大大的松子才会掉落到地上。

随着地中海和中东地区美食文化的流行，松子交易达到了前所未有的规模。越来越多的医学研究表明，地中海地区的饮食比传统的英美饮食更健康。美国食品药品监督管理局的一份报告指出，松子可能有助于预防心脏病。如今，机械化作业降低了松子采摘的成本，石松的培育成为新的经济命题。不同国家在提高松子产量方面的做法迥异，但是都没有采取改良育种的方法。其他农作物也遇到了这种情况。为什么呢？这是因为石松的遗传多样性较低，可能是气候变化使其种群规模大幅度减小所导致的。另外，石松无法与其他松树杂交。这种遗传上的一致性很好地解释了为什么地中海地区一端和另一端的石松的性状没有明显的地域性差异。因此，以目前的遗传学水平，育种学家能做的事情十分有限。但毋庸置疑的是，随着遗传学的巨大进步，这种情况可能会在未来发生改变。这种适应性强且易于生长的树木将在我们的饮食中发挥更大的作用。

◀ 石松是理想的遮阴树，树冠呈伞状。

澳洲贝壳杉

Agathis australis

科：南洋杉科

简述：常绿针叶树，具有重要的生态意义

原产地：新西兰北岛

高度：50 米

潜在寿命：1000 岁，可能更长

气候：暖温带气候

很少有树能达到澳洲贝壳杉的体量。世界上最大的澳洲贝壳杉直径达 5 米，它与北美红杉一样令人印象深刻。澳洲贝壳杉的胸围比很多树的高度还大，因此其总生物量通常也大于红杉里最高大的树木。像美国红杉一样，澳洲贝壳杉一般生长在气候稳定的暖湿环境中。

在欧洲殖民者到来之前，这种允许澳洲贝壳杉缓慢生长的环境一直没有遭到破坏。新西兰原住民毛利人对澳洲贝壳杉的影响不大（这一点不同于他们对待当地飞禽的态度，他们以极快的速度将其灭绝），但欧洲殖民者将贪婪的魔爪伸向了澳洲贝壳杉，如同他们染指其他地方的原始森林一样。到了 1900 年，殖民者砍伐、烧毁了超过 90% 的澳洲贝壳杉林。大多数贝壳杉都用于制造船舶，树干可以作为优质的桅杆。由于耐腐蚀性极强，澳洲贝壳杉也可以被加工成制造船体的木板。19 世纪 60 年代，当地政府不顾民众的反对，开放了广阔的原始森林供人们砍伐。引起了民众的广泛关注，此后，人们将对澳洲贝壳杉的保护写入了律法。

总体而言，虽然裸子植物比被子植物原始低级一些，但它们仍是成功的植物。通常，针叶树只在比较恶劣的环境中才能够占据优势，但澳洲贝壳杉凭借其生长特性和对生存环境的巨大影响力，在宜于阔叶林生长的气候带中繁荣生长。这一部分归功于针叶树一般会舍弃低矮处的树枝，从而有效地抑制了藤蔓植物的生长。若藤蔓植物的生长过于茂盛，则可能损害寄主，特别是在温暖的夏季气候下。此外，澳洲贝壳杉的树皮能够自动脱落，进一步阻止附生植物的寄生（附生植物在温暖潮湿的气候下生长在树枝和树干上，若它们的重量太大，则会对所附着的植物造成损害）。

澳洲贝壳杉在分布区域上取得成功的主要原因还是在于生态方面。与其他针叶树一样，澳洲贝壳杉的根系非常浅，可以接触土壤中富含腐殖质的柔软表层。树木的稳定性主要依靠许多向下穿透土层的“钉根”。相比之下，许多阔叶乔木的根系会伸向更深处，吸取养分的能力相对偏弱。澳洲贝壳杉生活的土壤上层以腐烂的叶子为主，因此它可以有效地循环利用地表的养分。澳洲贝壳杉和其他针叶树还有另一手绝活——改良土壤。针叶树的针叶和枝条含有多种化学物质（例如单宁酸），可以抑制土壤微生物中的细菌生长。微生物会分解死亡的生物质，从而维持营养物质的循环。许多与针叶树具有密切共生关系的真菌蓬勃发展，有助于树木获得多种养分，以交换碳水化合物。针叶树的凋落物能溶解氮和磷（植物最需要的两种营养元素）。溶解的养分被冲刷到土壤深处，而与针叶树竞争的阔叶树无法接触这些养分。通过这些方式，针叶树，尤其是澳洲贝壳杉可以改变栖息地，以满足自己的需求。

◀ 加利福尼亚的一棵澳洲贝壳杉，是新西兰以外的地区最大的澳洲贝壳杉之一。

长叶松

Pinus palustris

科：松科

简述：针叶树，过去具有巨大的生态和经济价值

原产地：美国东南部沿海平原，从北卡罗来纳州到得克萨斯州

高度：35 米

潜在寿命：500 岁

气候：暖温带气候

放眼望去，茫茫树海占满了整个视野，一直蔓延到远处与天际交接。而俯身细看，则是一席线草，束束野花。这里有清新脱俗的兰花，有能捕虫捉蝇的捕虫草，有鸢尾花，还有粉色鹿丹花。树种的单调与花草的缤纷在这里形成了无比强烈的对比。

欢迎来到堪称美国最大的单一生态系统遗存的长叶松林。直至 19 世纪后期，长叶松还是美国南部最主要的树种。长叶松一般单独成林。在早期的定居者看来，它们似乎取之不尽。即使偶尔出现像草原一样的大片空地，长叶松很快就会将此覆盖。长叶松一度支配了当地的生态环境。研究人员怀疑长叶松的影响不仅仅局限于其生存区域。事实上，长叶松与火灾的关系密切。长叶松的演化机制使其可以轻松应对森林火灾，人们认为有规律地火烧长叶松林可以影响其他植物种群，抑制生长能力更强的物种生长，从而有利于生物多样性的发展。

长叶松的防火能力与生俱来。它们的幼苗看起来不像松树，而更像草丛。它们把易受摧残的嫩芽深深地藏在一束束长长的、枯萎的叶子中，并且可以将这种状态保持十年之久。只有当存储了足够的营养时，它们才会向上生长。青年时期，长叶松的树冠比较矮，很容易被大火烤焦。长叶松长大之后，沿地面蔓延的大火无法再触及其高耸的树冠。火灾可以控制长叶松林地表的主要物种三芒草（*Aristida stricta*）的数量，从而使其他种类的植物得以繁衍。这很好地说明了一个看似违背常识的道理——破坏性干扰在生态学中也可能对生态系统有益。三芒草为各种动物提供了理想的栖息地。例如，南部短吻鹌鹑的幼鸟可以在丛生的三芒草中嬉戏，但无法在作为外来物种的欧洲茅草的茂密草丛中活动。此外，地鼠龟、五子雀和啄木鸟等其他生物作为长叶松林生态系统的一部分而蓬勃发展。

现在，长叶松林的面积仅为其原始分布区域的大约 3%。由于木材质量上乘，大片长叶松林在 19 世纪末和 20 世纪初惨遭砍伐。长叶松木比橡树更加坚硬，甚至接近铸铁的强度，因此用途十分广泛。当时大部分船只都是用长叶松木制造的，甚至地板以及建筑物的其他木制部件也是用这种木材制造的。数以万计的移民乘坐用长叶松木制造的帆船横渡大西洋。欧洲和北美一样依赖长叶松木。20 世纪中叶，几乎所有长叶松林都被砍伐殆尽。硕果仅存的 3%归功于美国军方。军事训练场非常有利于野生动植物生存。以长叶松林

◀ 长叶松的针叶长达 45 厘米，真是名副其实。

为例，多变的地形为步兵提供了良好的训练场，缺少地面照明可为飞行员提供夜训场地，而爆炸和示踪剂的火星造成的森林火灾有利于维护森林生态系统。但是，其他幸存的长叶松林都受到了严重威胁。人们砍伐松树，以腾出地方种植更多的观赏树；消防部门扑灭了很多大火，整个森林被道路和草坪所分割。

但是，长叶松也在反击。似乎没有其他生态系统会引起如此多的关注，而且其他生态系统很少能为生态、土地管理和经济发展产生如此多的直接效益。在长叶松联盟的领导下，美国南部的许多组织正在努力恢复长叶松林。当然，这样做有很多的生态学原因，但还有许多其他原因。尽管从短期来看，种植生长周期短、成材速度快、仅需一棵就可以成林的火炬松（*Pinus taeda*）更加经济，而从长期效益来看，品质更高的长叶松更加优秀。

长叶松对病虫害、火灾和其他影响的抵抗力要强得多。实际上，土地所有者种植长叶松就像进行无风险投资一样。同时，长叶松林易于管理，方便淘汰一些生长状况较差的树木，这在北美其他的硬木林中往往会引起无法预测的严重后果。为提高生产力而种植经济林，对人类和野生动植物都不利。但是，长叶松可以最大限度地保护野生动植物，从而提高生产力，并为步行者、露营者、越野驾驶员、观鸟者、猎人和其他户外活动爱好者提供良好的环境。长叶松在吸收二氧化碳方面也起了非常重要的作用。

保护主义者正在促进长叶松林的恢复，并成功地使私人土地所有者、木材公司和各级政府部门参与进来建设苗圃，种植大量的幼苗。长叶松正为美国南部的广大地区创造真正的未来。事实证明，通过砍伐原始森林发展农业是不经济的，荒废的农田中已有大量树木如雨后春笋般冒了出来。推广长叶松的种植对于美国南部的可持续来说具有很大的经济价值。情势确实好像转过了一个弯，最具魅力的树木和生态系统重新出现了。

▶ 美国南部的大部分地区曾被长叶松林覆盖。

弗吉尼亚栎

Quercus virginiana

科：壳斗科

简述：大型常绿乔木，是当地景观的重要组成部分

原产地：从华盛顿特区到得克萨斯州的狭长沿海地带，以及得克萨斯州和佛罗里达州内陆地区

高度：20 米

潜在寿命：1000 岁

气候：暖温带气候

说起对美国南部的印象，没有什么比矗立在带有希腊风格的门廊的白色房屋前、长满西班牙苔藓的弗吉尼亚栎更加经典了。弗吉尼亚栎繁密的气生根直垂地面，而西班牙苔藓的墨绿则沿着气生根逐渐向上渲染，为其增添了几分历史的厚重感。

之所以称弗吉尼亚栎为南部常绿栎树（southern live oak），是因为在殖民时代，人们常在常绿乔木的名字前加上“live”，以示其与落叶乔木的区别。关于西班牙苔藓，也有事实需要澄清。它不是苔藓，而是凤梨科的一种开花植物，学名为松萝凤梨（*Tillandsia usneoides*），是凤梨科植物。松萝凤梨将凤梨家族的特色发挥到了极致，它可以通过叶子上细小的毛孔吸收大气中的水分，所以即使它的根系远离地面也不会缺水。

栎属的树皮凹凸不平，是诸如西班牙苔藓之类的附生植物的理想居所。它们可以轻易地将根扎在树皮的裂缝之中。类似的物种还有空气凤梨（*Tillandsia recurvata*，一种带致密的灰色尖刺的球状植物）和一些蕨类植物（如百生蕨，*Pleopeltis polypodioides*）。之所以叫百生蕨，是因为它即使在旱季完全干枯，也能在雨后迅速恢复生机。不单单庇护植物，弗吉尼亚栎对动物也有重要作用。例如，橡子就是许多物种（包括鹌鹑、松鸦、熊、松鼠和火鸡等）的重要食物来源。

弗吉尼亚栎是生长在沿海地带的物种。如果冬季不冷的话，它们也可以在内陆地区生长，甚至生长在遥远的北方（如纽约）。作为沿海植物，这种树自然可以抵抗盐碱和大风，其木材坚韧，较低的重心能帮助其在飓风中保持稳定。因此，这种树的冠幅大于它的高度。地下深根与大量浅根的组合也可以在风暴天气下大显身手。尽管弗吉尼亚栎不属于耐火植物，火灾对它的威胁很大，但它具有惊人的再生能力。这种树林一般不会发生火灾，因为常绿的树冠减少了在其下生长的灌木的数量，而灌木易引起火灾。

弗吉尼亚栎的木材坚硬致密（其密度是所有橡树中最高的），甚至可以挡住子弹和炮弹。因此，尽管难以加工，它在 19 世纪曾是海军工程师的最爱。为了确保木材供应的连续性，美国海军在 1828 年购买了佛罗里达的大片土地，保留了当时已有的树木，并种植了新的树木。

弗吉尼亚栎幼时的生长速度较快。它需要精细的管理，以便形成良好的分枝样式。由于它具有遮阴作用，因此在城市规划中很受欢迎。

▶ 弗吉尼亚栎低矮的树枝上长满了西班牙苔藓。

开曼流苏树

Chionanthus caymanensis

科：木樨科

简述：稀有的常绿树种，濒临灭绝，仅分布在加勒比海中的一群小岛上

原产地：开曼群岛、加勒比海地区

高度：10 米

潜在寿命：未知

气候：热带气候

“铁木”是 30 余种硬木的统称，其坚硬致密的木材有许多用途。开曼流苏树凭借致密、耐腐蚀的特性，经常被选作当地传统房屋的地基柱。对于在遗传学上相近的两个物种，通过对常见的一方与较为罕见的一方进行对比研究，有助于我们了解物种在漫长的地质年代中的演化。开曼流苏树的研究就是这样。美国流苏树（*Chionanthus virginicus*）是美国东部和南部森林里的常见灌木，因在春季绽放流苏状的白花而声名远扬。在加勒比海地区和南美还有其他流苏属植物存在，如开曼流苏树。目前，仅大开曼、开曼布拉克和小开曼这三个岛上有开曼流苏树分布。

在地球另一端的澳大利亚等地区，人们也发现了数种流苏属植物，其中枝花流苏树（*C. ramiflorus*）的分布范围非常广泛，从澳大利亚的昆士兰州到东南亚，直至尼泊尔。流苏属还有一些中国种类，其中一些在印度有分布，还有一种在南非有分布。欧洲则没有该属植物。

对于这种现象，我们只能得到一个合理的解释，在世界范围内间断分布的流苏属植物在很早以前就开始各自的演化了，而当时各个大陆板块聚在一起，称为泛大陆。约 1.75 亿年前，泛大陆开始分裂，北美和欧亚大陆（统称劳亚古陆）与南方大陆分离（统称冈瓦纳古陆）。在北美、亚洲和南方大陆都有流苏树存在这一事实似乎表明，流苏树早在泛大陆分裂之前就已经存在，说明这是一个相当古老的物种。

可以把开曼群岛想象成冰山一角，而这座冰山就是开曼山脉。开曼山脉是连接北美大陆和古巴的海底山脉，而开曼群岛是该山脉中海拔最高的部分。在上一个冰期结束以前，海平面比现在低，那时开曼山脉露出海面作为陆地存在。即使没有上一个冰期，早晚也会有全球规模的冰期出现，从而将开曼群岛与大陆分隔开，把流苏树隔离在开曼群岛上。一旦出现地理隔离，出于对自然选择作用的适应，被隔离的同一物种通常会向不同的方向演化。也正因为如此，岛生植物一般都属于独一无二的特有物种。

开曼流苏树是开曼群岛上的约 20 种特有树种之一，与近一半的其他本地植物一样濒临灭绝。对于开曼流苏树和其他特有物种而言，这意味着它们将在地球上彻底灭绝。目前，当地对开曼流苏树林地完全没有采取保护措施，使其极其容易遭到破坏。附生在开曼流苏树上的鬼兰（*Dendrophylax fawcettii*，开曼群岛上的特有物种）已被国际自然保护联盟列为百种濒危动植物之一。如果再不及时采取保护措施，开曼流苏树和鬼兰都将永远离开我们。

▶ 一棵在城市中罕见的开曼流苏树（左图）及其叶子和果实（右图）。

桉 树

Eucalyptus species

科：桃金娘科

简述：具有鲜明特征的常绿乔木，品种繁多，最初来自澳大利亚，目前遍布全球

原产地：澳大利亚

高度：有些是世界上最高的树之一，大约 90 米

潜在寿命：至少 600 岁

气候：凉爽至温暖的温带气候，能在半干旱地区生长

乘车在蒙得维的亚（南美乌拉圭的首都）的沿海公路上游览时，总有桉树映入你的眼帘。倒不如说，这里除了桉树别无他树。打开车门，桉树叶沁人心脾的芳香就会扑鼻而来。居住在这里的人们通常会在家里备上一些桉木，以便在寒冷的冬夜取暖。

乌拉圭可以说是外来物种入侵的极端个例，其所在的温暖干燥的气候带极其有利于桉树的生长。在世界上的其他地方，桉树也几乎无处不在，让人一度忘却它们原本是澳大利亚的特有树种。自 1960 年以来，世界范围内桉树的种植面积每十年翻一番。人们不仅会质疑桉树的生存能力，并对本土植物的生存状况感到担忧。在非洲，人们称桉树为“环境怪物”。

目前，世界上大约有 700 种桉树，所有种类的桉树都可以产出一类叫作芳香烃的化学物质。在澳大利亚，人们称它们为“树胶树”。桉树油既是一种天然的杀虫剂，也有利于桉树防止水分流失，被广泛用于治疗感冒等。

桉树的生长速度极快，平均每年可以长高 1 米。作为速生木材，桉树是制作棚屋和凉亭的不二之选，被人们广泛种植。在玻利维亚的偏僻山区，贫苦家庭的孩子们会从离家最近的城镇买回几棵用塑料瓶装着的桉树苗进行种植。这里的人们会砍伐和处理住地附近的成年林，这样就可以获得源源不断的建筑材料和燃料。桉树是穷人的救世主，但是也是对生物多样性的严重威胁。为了单方面追求经济利益，大地主们粗暴地抢占农民的地产，占据大片土地种植桉树，为造纸厂提供原材料。比起玉米、小麦等这些基础作物，他们显然更喜欢效益更高的经济林种植园。

几乎所有的桉树属植物都来自澳大利亚，它们是澳大利亚国内林地最主要的组成部分。从演化的角度看，桉树能在一片大陆上占据如此的主导地位堪称卓越成就，这可能与当地常发生火灾有关。2500 万到 3000 万年前，澳大利亚的气候逐渐变得干燥，火灾发生频率明显升高。在几乎没有湿地和河流起阻拦作用的情况下，大火往往会肆虐大片地区，然后才慢慢熄灭。此外，澳大利亚的原住民会利用火进行狩猎和开垦牧场养殖袋鼠等动物。早期人类的狩猎采集活动导致的生态环境变化在世界范围内都很普遍。

桉树并不怕火，但与大多数能够防火的树不同，它们的防火能力似乎适得其反。桉树富含桉树油，剧烈燃烧时会发生爆炸。同时，桉树叶也不易腐蚀且高

◀ 桉树下通常没有其他物种生长。

度易燃。因此，一旦着火，火势就会非常猛烈，给周围其他物种的生存带来极大的威胁。而桉树可以通过深埋在地下的根再生，它们的种子外壳只有在受热的情况下才会裂开。通过这种方式，桉树可以确立自己的竞争优势。

在澳大利亚以外的地区，桉树正在肆意扩张，特别是在原生植被受人类活动的影响较大的地方。欧洲殖民者到来之前，乌拉圭沿海地区以低矮的灌木林为主。后来，为了牧牛，沿海地区的灌木林被大量破坏。在 19 世纪末期，除了广泛种植，桉树自身也在扩张。在乌拉圭政府的扶持下，该国的森林覆盖率已达到 30%，其中大部分是纯桉树林。在过去的 10 年中，乌拉圭建立了大量的造纸厂来加工处理桉木，引起人们对流入大西洋的河流受到污染的担忧。这些河流会经过邻近的阿根廷的布宜诺斯艾利斯。环保主义者反对建立造纸厂，而科学家则担心造纸厂可能对土壤和水资源产生长期影响。

桉树最为人诟病的是过快的生长速度导致它们会“窃取”地下水。然而，埃塞俄比亚的林业研究人员收集的数据表明，桉树对水的需求实际上比常规作物更少，而且在同样的供水量下，桉木的产量更高。根据他们的研究，桉树对埃塞俄比亚来说是一种有益的树。埃塞俄比亚是世界上最贫穷的国家之一，那里 90%的树都用作木柴。那么，我们必须思考一个问题：

如果不烧桉树，他们烧什么？答案当然是现有的本地植物。桉树实际上在保护稀有植物方面发挥了作用，否则这些植物可能在无意中被灭绝。

但是，无论桉树有多大使用价值，人们都很难温柔相待。在桉树借助火灾征服过的森林中，土地荒芜，毫无生气，就连鸟类也很少。单就生物多样性而言，这里就像沙漠一样。在此之后，桉树迅速蔓延。考虑到桉树已经对世界产生的影响，人们确实很难理性地看待它们。

◄▲ 美丽红桉（*E. ficifolia*）的叶子（对页左图）和花朵（对页右图），以及佩林桉（*E. perriniana*）（上图）。

▲ 喀里多尼亚地区罕见的原始欧洲赤松林。

欧洲赤松

Pinus sylvestris

科：松科

简述：具有重大生态和经济价值的常绿针叶树

原产地：北欧、中欧和西班牙山区，以及西伯利亚南部至太平洋；它是所有针叶树中分布最广的树种

高度：60 米

潜在寿命：300 岁，甚至超过 600 岁

气候：凉爽的温带气候

人们往往对身边的美好事物视而不见。对于居住在北欧的人们来说，欧洲赤松就是如此。在俄罗斯、斯堪的纳维亚半岛、德国和波罗的海周边国家，欧洲赤松的分布范围极其广泛。但是，欧洲赤松真的值得我们仔细思量。在针叶树中，它是一种独特的存在。在成长过程中，欧洲赤松逐渐变得不那么对称，随意舒展树枝。在中国和日本艺术家的眼中，它是水墨画和木刻版画的绝佳主题。

欧洲赤松在北欧地区往往形成大片的森林，而在其他地方的分布相对零散。在一片小树林中，它往往是鹤立鸡群的那一个，这进一步突出了其独特的形状。这样的小树林在英国经常可以看到。欧洲赤松在沙质土壤中生长良好，并且是易于加工的木材的来源。人们在山脊上种下成排的欧洲赤松，从数千米远的地方都可以看它们。在铁路运输兴起之前，这里是长途贩卖绵羊和牛的商人所走的路线。在 19 世纪中叶，苏格兰人用欧洲赤松作为特殊场所的标记。

▲ 欧洲赤松未成熟的球果和针叶。

这种树的英文名 (scots pine) 清楚地表明了它与苏格兰的关系，那里是它真正的原产地。想当年，喀里多尼亚森林遍布苏格兰的大部分地区，而现在只剩下约 1% 的森林，其余的因几个世纪的砍伐和放牧而消失了。与森林覆盖的地方相比，苏格兰的许多高地看起来像荒地。在森林茂密的地方，树木不仅覆盖着开阔的土地，而且可以从岩石的缝隙中生长出来。加里东森林，像美洲南部的长叶松林一样，在生态学家的眼中几乎达到了神话般的地位。生态学家指出，许多稀有植物生长在树荫下，苔藓和地衣生长在树枝和树干上。天然的欧洲赤松林相对分散和开阔，因为幼苗不喜阴，种子只能在开阔的林地或老树稀疏的树荫附近萌芽。毛桦（*Betula pubescens*）通常是欧洲赤松的伴侣。这些天然森林的外观与我们许多人熟悉的松树和其他针叶树人工林截然不同。在这些人工林中，人工种植的树木非常紧密，林间阴暗，毫无生气。

滇缅榕

Ficus kurzii

科：桑科

简述：大型常绿乔木，其中许多重要的物种未命名

原产地：中国南部到印度尼西亚

高度：高大，但无明确记录

潜在寿命：未知

气候：湿润或季节性干旱的热带气候

全球大约有 850 种榕树，它们凭借诸多因素在植物界中拥有非凡的地位。滇缅榕在极短的时间内完成了演化，并且迅速传播到世界各地。它们特别擅长和其他物种共存，一片榕树林中可以同时存在几个不同的物种，每个物种都有其独特的生态位。即使在优秀成员众多的榕树家族中，滇缅榕也是佼佼者。

与其他榕树属植物相同，滇缅榕树叶拥有“植物扼杀者”的称号。它们通过猴子和鸟类的粪便将种子传播到雨林的树冠层上，种子发芽形成附生植物，与兰花、蕨类植物等在许多树木的树枝上一起生长。随着不断长大，榕树长出紧贴着宿主树木的气生根。有些气生根会向下生长，一直延伸到地面，扎进土壤中，并不断扩张，完全包住宿主的树干。

随着时间的流逝，宿主树皮下的导管组织不断受到挤压，宿主逐渐被滇缅榕绞杀。在热带的湿热气候下，枯木迅速腐烂，宿主逐渐消失，只剩下由榕树的气生根形成的空心柱状结构。这个阶段的气生根已经变成了树干。这些榕树的气生根树干是植物王国中最具超现实主义意味的景象之一。有些品种的榕树会不断把气生根向下延伸，形成新的树干，进而形成一片连成一体的森林。

榕树的繁殖也是植物界中最奇怪和最复杂的过程之一。榕果不是一个果实，而是一种包含数百个微小果实的结构。植物学家认为多汁的榕果里面的每一个小纤维才是一个果实。以前，人们对榕树缺少明显的花朵而迷惑不解。事实上，榕树的花类似于雏菊，是由数百朵小花组成的复合花序，但它们被封闭在形状像果实的结构中。这种结构的一端有一个小孔，允许微小的榕小蜂从中爬过，以便给里面的小花授粉。对于许多品种的榕树来说，榕小蜂在它们的榕果里产卵。榕树为榕小蜂提供食物和庇护所，榕小蜂为它们授粉。在许多情况下，榕树和榕小蜂共同演化，形成共生关系。它们离开彼此便无法繁殖。

榕树与榕小蜂之间的关系有助于解释榕树令人难以置信的多样性，因为一种榕树和一种榕小蜂的共生演化独立于其他榕树和榕小蜂，从而为研究演化的科学家提供了大量材料。对于生态学家来说，这种共生关系是个好消息，因为被引入新环境中的榕树通常不会带来为其授粉的榕小蜂，所以它们无法结果，也就无法在新环境中传播成为入侵物种。

并不止人类在寻找美味多汁的榕果。对于许多野生动物而言，榕果也是它们重要的食物来源。当榕果成熟时，它们里面的榕小蜂幼虫就会从顶端的小孔中随汁液一起流出。榕树上成熟的果实吸引着四面八方的猴子，还有成群的鸟儿。它们确实是雨林生态的重要组成部分。

◀ 滇缅榕的气生根，这是一种典型的榕树。

第3章 神圣

在许多文化中，人们将树尤其是那些年代久远或体量惊人的树视为神圣的象征，甚至认为树具有灵魂。历史上，一些持不同观念的入侵者将当地的圣树作为重要目标毁掉。比如，在尤利乌斯·恺撒的罗马军团征战高卢和英格兰的过程中，许多圣树成为了牺牲品。在欧洲和亚洲的一些阿拉伯地区，树仍然受到了人们的崇敬。人们在树枝上系上丝带，将硬币塞在树皮下，将祈祷书固定在树干上，以寄托某种愿望。当然，这些做法仅代表某种传统，并没有什么科学依据。

在一些相信一神论的地区，随着新的信仰的兴起，人们往往会采取比较隐蔽的做法。他们会在之前宗教的一些遗址上建造寺庙，为圣树创造新的神话。这就是为什么英国的墓地里有这么多欧洲红豆杉树。在东方，长期以来，菩提树一直在一些宗教信仰中占有重要地位。如果没有樟树，一座佛教寺庙似乎就是不完整的。《圣经》中的某些说法足以让一种树木流行起来，比如黎巴嫩雪松。

正如一位著名的无神论者曾经指出的那样，神话传说只是一段段历史记忆，如今没有人再相信它们了。在爱尔兰，人们曾将仙女与山楂树联系在一起。在一些印第安部落中，也有类似的传说。这些传说之所以流传至今，一个主要原因是人类学家和历史学家意识到了它们的意义。在一些地方，某些能够提供食物的树被认为是众神的礼物。比如，俗称“猴迷树”的智利南洋杉受到了生活在智利和阿根廷的阿劳坎人的崇敬，他们依靠这种树的坚果生活。其他一些树受到人们的尊重并不仅仅因为它们能够提供食物。在历史上，墨西哥人崇拜可可树，因为可可能够振奋人们的精神。

随着历史的发展，树的某些象征意义发生了变化，多用来象征国家、民族以及正义。比如，椴树在中欧代表正义，橡树在英国与君主制有很大的关联，榆树在美国象征着自由。 最后，看一下挪威云杉，它对于圣诞节来说是不可或缺的。

◀ 洁白的山楂花。

智利南洋杉

Araucaria araucana

科：南洋杉科

简述：常绿针叶树，被称为活化石

原产地：智利南部和阿根廷的部分地区

高度：40 米

潜在寿命：800 岁，可能更长

气候：凉爽的温带气候

智利南洋杉不仅仅看起来像来自恐龙时代，而且确实来自恐龙时代。化石证据表明，在恐龙主宰地球的中生代，全世界曾经存在着大量的南洋杉森林。有人提出，蜥脚类恐龙（如著名的雷龙等）的长脖子就是为了摄食这些树的树冠才演化出来的。从现代角度来看，我们很难想象有哪些动物能够爬上弯曲的树枝（因此，这种树的英文名称为 monkey puzzle tree，意为“令猴子迷惑的树”；而法语名称为 désespoirdes singes，意为“猴子的绝望”），更不消说摄食它们异常坚韧和尖锐的叶子。在恐龙时代，针叶树（南洋杉确实是松树和冷杉的远亲）和植食性恐龙似乎进行了一场了演化竞赛。植物试图长得更高、更坚韧，而恐龙则演化出更长的脖子、更强大的颚和更高效的消化系统。

如今尚存的 19 种南洋杉大部分生活在南太平洋中的新喀里多尼亚群岛上，这些岛屿几乎充当了远古植物多样性的保护区。智利南洋杉是在南美大陆上发现的两种南洋杉之一，也是唯一的硬木物种。欧洲人在 17 世纪发现了智利南洋杉，英国海军“探索号”舰船上的外科医生、植物学家阿奇博尔德·孟席斯于 1895 年将其引入欧洲进行种植。“探索号”是一艘专门用于探索南半球的英国海军舰艇，智利的西班牙殖民地总督招待了该舰上的船员。在晚宴上，孟席斯品尝了当地的新鲜坚果。他把一些坚果藏在口袋里，然后把它们撒在“探索号”甲板上的花盆（或者其他容器）里。其中，5 颗种子发芽生根并在航行中存活下来。孟席斯将它们交给了资深植物学家约瑟夫·班克斯爵士。19 世纪后期，这种树已经非常常见。人们从智利定期进口智利南洋杉的种子，以满足园丁对异国情调的追求。最成功的移植案例出现在英格兰西南部德文郡比顿大厦（现为比顿学院）附近的一条大道上，1844 年由维奇苗圃提供幼苗进行种植。这个苗圃是当时新奇苗种最丰富的苗圃之一。这条大道长约 500 米，其两旁的大部分树木仍然枝繁叶茂，令过往的游客流连忘返。

孟席斯见到的智利南洋杉坚果可以作为一种食物来源，这种树被当地人所珍视。对于马普切人来说，智利南洋杉是圣树，因为富含蛋白质的坚果是他们饮食中的关键部分。智利南洋杉曾因挺拔的树干而受到重视，但其坚果的经济价值更高。这种坚果像腰果一样酥脆，但味道更接近松子。这些坚果在智利被烤成零食出售，也可以经发酵制成酒精饮料，甚至可以生吃。

智利南洋杉最适合在凉爽的西风气候下生长，其分布范围向北延伸至法罗群岛。它们在饱受风吹雨打

▲ 智利南洋杉的树干和下层树枝。

的地方也能茁壮成长。如今，人工栽培的智利南洋杉比野生种更常见，因为智利和阿根廷的原生种群受到了乱砍滥伐和农业的侵扰。1971 年，这种树在智利得到了法律保护，并被列入《濒危野生动植物种国际贸易公约》的保护清单中。该物种的贸易受到了国际条约的严格监管。但是，在保护区之外，这种树仍然受到了威胁，这在很大程度缘于农民开垦土地引起的火灾。任何种植过智利南洋杉的人都为它的延续贡献了力量。

欧洲红豆杉

Taxus baccata

科：红豆杉科

简述：最长寿的针叶树之一

原产地：欧洲至亚洲西南部山区和伊朗北部

高度：20 米

潜在寿命：有争议，最多 2000 岁

气候：凉爽的温带气候

欧洲红豆杉，得益于其寿命，其文化底蕴，及其在园艺中的多功能性和生长方式等，是植物王国中的佼佼者。

欧洲红豆杉最常生长在石灰岩质土壤中，通常作为森林中的下层树，生长在树冠较高的橡树或欧梣的树荫下。如今，欧洲红豆杉在公共花园、教堂墓地和树篱中更为常见。欧洲红豆杉是园艺树种的不二之选，因为其生长速度极快，在营养良好和雨水充足的条件下每年可长高 30 厘米。别外，欧洲红豆杉枝叶的密度足够大，可以进行细致的修剪。欧洲红豆杉树篱通常是深色的墙状篱笆，也可以修剪成几何形状和动物造型（常见的是孔雀造型），是长期以来北欧和其他地方的大花园中的常客。

在一些古老的宗教中，欧洲红豆杉被视为通向冥界的门户。这一方面可能是因为它的毒性，另一方面也可能是因为它的寿命和在景观中的持久性（暗示着与永恒的关系）。基督教将这种健壮、长寿的常绿乔木视为永恒生命的象征，并将其指定为遮盖死者坟墓的理想树种。直到 18 世纪，它是除冬青之外在英格兰和威尔士唯一可见的常绿乔木，因此它在乡村景观和宗教象征中发挥着特别重要的作用。大多数古老的教堂都有一棵造型奇特的欧洲红豆杉，有的更多。潘斯维克教堂位于英格兰西南部的格洛斯特郡。按照传统，它有 99 棵欧洲红豆杉。据说，如果种植了 100 棵，魔鬼会把它们拔出来。最近的一项调查结果显示，这里有 103 棵。值得一提的是，潘斯维克教堂的欧洲红豆杉都得到了精心修剪，而其他大多数教堂墓地中的欧洲红豆杉都是自由生长的。

在中世纪乃至英格兰和威尔士的都铎时代，欧洲红豆杉是英格兰和威尔士军队的重要资源，其木材是制造长弓的优质材料。工匠把欧洲红豆杉的心材（抗压缩）放在长弓的内侧，而把边材（抗拉伸）放在长弓的外侧。在熟练的弓箭手手中，欧洲红豆杉弓箭可以在十字弓射出一支箭的时间内射出五支箭。毋庸置疑，使用这种长弓的英军在英法战争中对阵主要依靠十字弓的法军时大展神威。结果，英国林地中的欧洲红豆杉被洗劫一空。从 13 世纪后期开始，英国海军必须将欧洲红豆杉与橡树一起进口才能满足需求。到了 15 世纪，情势愈演愈烈，政府规定入关的英国船只每进口一桶货物的同时必须进口一定数量的欧洲红豆杉，否则要缴纳巨额的罚款。欧洲红豆杉的需求刺激了整个欧洲大陆的贸易，其影响远至奥地利的南部。

▶ 在苏格兰的邓多内尔庄园内，这棵欧洲红豆杉的年龄长达 2000 岁，其周围的树篱由年轻的欧洲红豆杉构成。

一棵欧洲红豆杉中只有少量的木材适合制作长弓，其余部分很少有用。在能工巧匠的手中，这种优质的木材可以被加工成碗、把手和家具，具有其他温带木材所不具备的美感。

欧洲红豆杉是著名的有毒物种，其拉丁学名中的 *Taxus* 与 toxic(“有毒”)一词有着相同的词根。牛、马等牲畜因为误食欧洲红豆杉而死亡的案例并不少见。在历史上，凯尔特人抵御罗马人进攻的时候，也曾利用欧洲红豆杉的毒性。值得一提的是，鹿似乎对欧洲红豆杉的毒性免疫。

即使吸入燃烧着的欧洲红豆杉枝叶产生的烟气，对人类来说也是危险的。球果是欧洲红豆杉唯一不含毒素的部分。一名英国园艺广播主播曾经在广播中宣称欧洲红豆杉的球果可以安全食用。他没有意识到这种果实里面的种子有剧毒，如果种子被咬碎，就会迅速释放毒素。三粒种子就能毒死一个成人。许多有毒植物具有药用价值，欧洲红豆杉也是如此。利用欧洲红豆杉制成的药剂可用于治疗乳腺癌。以前，人们会收集欧洲红豆杉树篱的修剪物，将其运送到制药公司，用于提取有用的化合物。现在这些化合物已经可以人工合成了。

西北欧地区散布着一些非常大和古老的欧洲红豆杉，它们的确切年龄在树木专家之间引起了很大的争议。英国最著名的欧洲红豆杉之一位于赫里福德郡林顿的一处墓地中。当地教堂的门廊中曾经有一个通知说，这棵欧洲红豆杉的历史可以追溯到4000年前，其上有四位著名植物学家的签名。几年后，这个通知消失了，取而代之的是另一条声明，说它已有2000年的历史了。实际上，确定欧洲红豆杉的年龄是非常困难的，因为这种树木虽然具有确保其不断再生的生命周期，但要以牺牲年轮为代价。

英国的一篇论文将欧洲红豆杉的生命周期分为七个阶段：（1）幼苗缓慢生长；（2）幼树快速生长；（3）树木成材，放慢生长速度；（4）成年树木中间腐烂；（5）中心完全腐烂，边缘再生，生长速度加快；（6）外部缓慢生长；（7）中间分裂，周围长出几棵新的幼苗，然后重新开始循环。一个周期可能需要2000年才能完成。这种循环导致欧洲红豆杉成为世界上最奇特的物种之一。

◀ 沟壑纵横的树干增添了历史景观的古老气息。

英国橡树

Quercus robur 与 *Quercus petraea*

科： 壳斗科

简述： 一种非常重要的落叶乔木

原产地： 远至高加索和乌拉尔的大部分欧洲地区

高度： 45 米

潜在寿命： 通常可达数百岁，甚至超过 1000 岁

气候： 凉爽的温带气候

所谓的“英国橡树”就是植物学家认为的两种橡树的合称，尽管它们之间的差异很小，以至于一般人不禁怀疑植物学家的智慧。夏橡（*Quercus robur*）喜欢碱性的肥沃土壤，无梗橡树（*Q. petraea*）的地理分布范围与有梗橡树几乎相同，但更喜略显贫瘠的酸性土壤。实际上，二者都可以很好地在贫瘠的土壤中生长，成年橡树仅需 30 厘米见方的土地即可生存。几乎所有人都将二者视为同一个物种。对于当地人来说，这两种橡树是这片土地上不可或缺的一部分。在文化上，它们也具有重要的地位。英格兰和德国都将橡树视为国树。

在欧洲的广大地区，以橡树为优势树种对于生物多样性来说是个好消息。橡树为各种各样的昆虫提供了生活环境，但同时又不会被它们啃食致死。橡树具有惊人的恢复能力。即使毛毛虫吃光了它们的叶子，它们也可以在仲夏时节长出第二批叶子。随着树龄的增长，树枝会枯死，树心开始腐烂，此时就会有各种昆虫入住老橡树，其中不乏珍稀物种。因此，这种微型自然保护区提高了老橡树的价值。橡树的适应能力极强。西至在美洲大陆，东至乌拉尔山脉，各种严酷的气候它们都能轻松驾驭。

在欧洲，成熟的原生林现在非常罕见，因为大部分橡树林在几千年内经历了人类的反复砍伐。目前，位于白俄罗斯和波兰边界的一片橡树林最接近原始森林。那里的老橡树非常高大，其中最高的“沙皇橡树”高达 46 米。从历史上看，管理橡树林地的必备技能是解决授粉问题，其实这主要是为了解决在春季草料短缺时牧牛的食物问题，因为橡树通常位于“草场”中。所谓“草场”是一种退化的林地，人们可以在幸存下来的零星树木之间放牧。授粉延长了橡树的寿命，因为这提前模拟了必将发生在老树上的过程，从而使树枝尽快枯死。在牧场和鹿园中往往有许多枯橡树，它们的树干粗大，通常是中空的，但在粗短的树枝中有很多生命。尽管德国有很多老橡树，但是欧洲最古老的橡树位于立陶宛和保加利亚，估计它们都已超过 1500 岁。由于橡树的树干会随着树龄的增长而变空，因此人们很难精确地确定其年龄。

橡树的体量庞大，木质坚硬密实，是优良木材的典型代表。这些品质也使橡树具有良好的耐火性。在整个北欧，数百年来，橡树一直是制作高品质家具时的首选木材，对造船业来说也至关重要。尽管成年橡树相当奇特的形状已不适合当今的木材贸易，但对于

◀ 生长在开放地带的橡树（上图），其浓密的枝条向四周伸展开来；叶子和橡子（下图）。

木船建造业来说是无价之宝。将自然生长的“膝盖”和“肘部”从树上切下来，所得到的木材比人工拼接在一起的木制品坚固得多。一艘 18 世纪的军舰需要大约 3700 根梁柱，每根梁柱都需要耗费一棵橡树。

历史上，随着英国海军的迅速扩张，对橡树的需求量也在大幅度增加。在 17 世纪和 18 世纪，缺乏合适的橡树已然演变为一个政治问题，就像现在我们面临的能源短缺一样。西方关于林业的第一本书是约翰·伊夫林所著的《席尔瓦》，又称《关于林地木材资源的论述及其在大英帝国的贸易》，该书呼吁对橡树进行种植和保护。

鉴于对英国海军以及英国经济发展所做出的巨大贡献，橡树在该国文化中具有举足轻重的地位也就不足为奇了。但是，橡树的象征意义远不止此。在英国内战期间（1642—1651），查理二世曾藏身于英格兰什罗普郡博斯科贝尔森林中的一棵橡树上，以躲避敌人的追击。这棵橡树的后代至今仍然屹立于此。

英国君主制恢复之后，橡树的叶子和橡子成为爱国主义和忠诚的象征，而查理二世躲在橡树上的情景也逐渐成为版画和陶器所表达的主题。《席尔瓦》也是在同样的历史背景下产生的。在博斯科贝尔森林中，那棵皇家橡树成为了朝圣对象，经常被前来观瞻的人折枝薅叶，以致在 18 世纪枯死了。今天生长在那里的橡树是由原来的那棵橡树的橡子长成的。

在德国，橡树也是国家力量的象征。橡树叶子曾经出现在德国货币马克上，而 50 芬尼的硬币上有一位妇女栽种橡树幼苗的场景。最令人难忘的是出现在卡斯帕·戴维·弗里德里希（1774—1840）极富象征意义的山水画中的橡树。少有艺术家能够很好地捕捉到这种树木的复杂性和古典气质。

▶ 英国橡树的典型形状，树枝向四周恣意伸展。

山 楂 树

Crataegus monogyna 与 *C. laevigata*

科：蔷薇科

简述：落叶乔木，多种植在农田四周

原产地：欧洲，远至乌克兰

高度：15 米

潜在寿命：700 岁

气候：凉爽的温带气候

在威尔士的那些森林几乎被完全砍伐的荒凉丘陵上，时常可以看到三三两两的山楂树，树干弯曲、粗糙，缠在树枝上的成束的羊毛随风飘舞。它们是大规模放牧之前的遗存，那时的树苗能够免遭羊群的无情啃食。在其他地方，山楂树一般都以灌木林的形式顽强地生长在荒废的农田中。但在更多的情况下，山楂树是英国乡村以及法国北部、比利时、荷兰的一些地区的树篱的独特组成部分。每当春夏之交，纯白色的山楂花

就会点缀在各式各样的山楂树篱上，成为乡村田野中独特的风景线。因为花季在五月，所以在英语中，人们也会选择用“may”（“五月”）这个词来指代山楂树。

“快刺（Quickthorn）”是山楂树的另一个名字，因其生长速度快而得名。在 18 世纪，当英格兰乡村的地主有圈地或者种植树篱的需求时，能够绵延几千米且可以快速生长的山楂树无疑是最佳选择。有时，也有地主突发奇想，在田边地头种上几株拥有鲜艳的粉红色花朵而不是一般的白色花朵的山楂树，给农田增添一点花园气氛。

山楂木非常坚硬，但受制于树干短小且经常弯曲开裂的缺点，所以它的用处很少。经过抛光的山楂木非常光滑，以前一般用于制作拐杖和工具的手柄等。值得一提的是，由于山楂木的密度较高，所以它的燃点在欧洲树种中是最高的。

如此接地气的树种不可避免地有许多神话和传说。欧洲人认为砍伐山楂树会招致不幸，爱尔兰人和苏格兰人认为山楂树是进入妖精世界的入口。20 世纪 80 年代，贝尔法斯特的一家汽车公司经营失败，也被归咎于砍伐山楂树给新工厂腾空间。显然，即使只砍一棵也不能等闲视之。

▼ 这些山楂树曾作为树篱，如今已经长成大树。

美国草莓树

Arbutus menziesii

科：杜鹃花科

简述：一种常见的常绿乔木，十分难以栽培

原产地：北美西部沿海地区

高度：25 米

潜在寿命：未知，可能不超过 150 岁

气候：凉爽的温带气候、地中海气候

美国草莓树是树木中的昭君貂蝉，苍翠欲滴的叶、随风摇曳的枝以及色彩斑斓的树皮无不彰显着它们的美丽动人。美国草莓树的树皮最开始是绿色的，而后逐渐变为黄色、红色，进而变为红棕色，然后化作长条状逐渐剥落。美国草莓树生长的地方（通常是干旱、陡峭的斜坡）更加衬托出了它们的美。金无足赤，人无完人。美国草莓树虽然美丽，但是并不适合大规模培育。尽管让人感到温暖的红色木材无比诱人，但是其抗弯性能极差，不适合加工。

一饱眼福之后，很多人会对美国草莓树的英文名字“madrone”的由来感到好奇。这其实源于历史上西班牙对北美西海岸的探索，因为“madroño”在西班牙语中是“草莓树”的意思，而草莓树（*Arbutus unedo*）则是一种在西班牙常见的树木，是美国草莓树的远亲。这引出了另一个问题：美国草莓树也是草莓吗？尽管美国草莓树的果实看起来像草莓，但是味道大不相同。美国草莓树的果实虽然没有毒，但是比较干涩。印第安人将其用作治疗胃痛、气管炎和皮肤病的药物。美国草莓树的果实干燥后，硬度极高，可以制成串珠。

美国草莓树是杜鹃花科中体量最大的。杜鹃花科可以说是被子植物中的贵族，该科还有杜鹃花、石南以及人们熟悉的蓝莓等物种。杜鹃花科植物的培育有一项基本常识，就是它们在碱性土壤中很容易枯萎死亡。更准确地说，在可溶性铁元素含量较高的土壤中，它们的长势最好。这些偏好主要与其根部的真菌群落有关。真菌吸收植物绿叶产生的糖分，而将从土壤中吸收的矿物质转移到植物体内。这种共生关系使杜鹃花科植物不仅可以生存，而且可以在其他植物难以生存的贫瘠土壤中茁壮成长。

这种共生关系并不是对所有的环境都能适应，但是杜鹃花科植物的优势是在它们能够健康生长的地方，其他植物并不能同样健康生长，因此它们往往独占大片土地，例如苏格兰的石南花荒野、日本的杜鹃花山麓和美国南部的杜鹃花荒野等。最为典型的是一种叫作熊果（*Arctostaphylos obispoensis*）的植物，它是美国草莓树的近亲，拥有鲜艳的红色树皮。它能在加利福尼亚的贫瘠土地上茁壮成长，尽管那里的土壤环境对大多数植物来说很恶劣。美国草莓树还具有耐火性，在火灾后种子会迅速萌发，生长速度比花旗松快得多。二者有时会分布在同一片区域，但是一段时间之后，松树的高度最终会超过美国草莓树。

美国草莓树在适合许多园林植物的环境条件下不能正常生长。“正常”施肥灌溉可能导致美国草莓树患病。这些树在干燥的坡地上的长势比在阳光和水分充足的花园中更加喜人。另外，一旦达到约 30 厘米的高度，它们就很难移栽。总之，美国草莓树可能是最难“驯化”的植物了。

◀ 美国草莓树的树皮会不断剥落，以抵御攀缘植物和寄生虫的袭扰。

美国榆

Ulmus americana

科：榆科

简述：落叶乔木，过去被认为是最好的城市树种之一，现在存在严重的病虫害问题

原产地：北美中部和东部

高度：45 米

潜在寿命：200 岁

气候：凉爽至温暖的温带气候

在许多美国城镇的老照片中，榆树遍布街道，其枝杈交错汇聚成一个个哥特式拱门，给城市街景增添了几分教堂般的庄严气氛。很少有树木能在城市景观的塑造中扮演这样的角色，或者成为国家历史上具有象征意义的重要标志。可悲的是，受病虫害的影响，城镇中的美国榆已经逐渐成为历史。

美国榆的形态有很多种，其中最常见的是花瓶形，树枝从树干上距地面 5 ~ 10 米的地方开始长出，形成向上弯曲的拱形。由此形成的树冠不仅美观，而且在下方创造出了巨大的空间。树冠层的叶子极其浓密，每棵树可以达到百万片。如果将美国榆合理地种植在道路两侧，那么它们的树枝就会在道路上方会合，既塑造了庄严肃穆的气氛，又在下方投下了浓密的树荫。由于美国榆幼苗的生长速度非常快，因此种植的时间成本很低。在没有病害的情况下，这种效果可能会保持很长的时间，因为美国榆的寿命较长，对风暴的抵御能力也很强。

美国榆的优美造型很快就受到了美国东海岸人们的追捧，被纳入新城镇的建设规划之中。后来，美国榆被带到了美国西部的加利福尼亚和加拿大不列颠哥伦比亚省。19 世纪，许多城市的极端环境污染也没能阻止美国榆的传播，甚至不如说正好相反。美国榆成了美国典型的行道树。作家亨利·沃德·比彻（1813—1887）热情洋溢地赞叹道："美国榆之于美国，就如同帕特农神庙前的门柱之于帕特农神庙！"截至 1930 年，明尼阿波利斯已种下 60 万棵美国榆，达拉斯则有 15 万棵，美国全境超过 2500 万棵。

随之而来的是病虫害。虽然不像栗树那样被完全毁灭，但美国榆的遭遇也足以改变许多城市的景观。荷兰榆树病最早于 1930 年出现在俄亥俄的克利夫兰。有人从法国进口了一批患有虫害的木材并发往美国各地的家具制造商。随后有害的甲虫从这些木材中逃出，在短短几个月内掀起了一场"腥风血雨"。

以此前发生的一次栗树病害为前车之鉴，政府官员和林业专家决心采取有效措施，以避免重蹈覆辙。但对于刚刚成立的园艺组织来说，这场病虫害的入侵未免显得有些残酷。1924 年召开的全国树荫大会协调各方意见，联合树木专家和植物医生成立了一个正式机构。该会议于 1928 年转变为年度会议，多年来一直致力于控制荷兰榆树病。可以说，荷兰榆树病传播的唯一正面影响是，树木专业研究和保护获得了更广

▶ 美国榆布满裂纹的树皮（上图）和边缘带锯齿的叶子（下图）。

Governor's
Mansion

泛的社会认同。

虽然荷兰榆树病的传播速度和传播范围都比栗树病慢和小，但也足以让人们花费大量财力去砍伐被感染的树木。数以万计的美国榆遭到砍伐，大量木材的积聚为携带疾病的甲虫的进一步传播提供了理想条件。这就意味着这次行动注定要失败。用 DDT 等杀虫剂控制甲虫为美国榆的生存提供了短暂的喘息机会，但 20 世纪 60 年代 DDT 由于潜在的危险而被停止使用。如今，仅个别具有特殊意义的美国榆可以做到每隔几年就进行一次杀菌处理，以降低感染的风险。其他美国榆则因成本过高而无缘于此。

如同有些病害可以通过遗传免疫，一小部分美国榆似乎对这种病害具有免疫能力（栗树并非如此）。这些个体吸引了科学家和园艺师的注意，它们构成了美国榆复兴的核心。但是， 英国的一些榆树的命运表明，即使它们也逃脱不了病害的侵袭。查理三世于 2001 年在一条大道两侧种植了一些原认为具有免疫力的榆树，但它们后来被感染，遭到砍伐。

加拿大安大略省的圭尔夫大学没有依靠单一品种来确保榆树的未来，而是发起了一项计划，呼吁公众获取有关健康树木的信息，建立遗传学上多样化的树木种群，然后利用种子进行繁殖。 希望这些种群的自然变异有助于确保美国榆具有长期的抗病能力。

◀ 一棵美国榆，位于加利福尼亚萨克拉门托中部地区。

日本柳杉

Cryptomeria japonica

科：柏科

简述：一种具有重要象征意义的速生大型针叶树

原产地：日本，也可能是中国

高度：70 米

潜在寿命：至少 2000 岁

气候：温暖到凉爽的温带气候

树木在森林中拔地而起，离地数十米的树冠层仿佛在向你诉说着它们的故事。如果这种树长在山谷中，那么人们在山谷上方就可以轻松地看到它们的腰身。它们的鳞片、树叶和树皮能让人联想到北美红杉，而实际上它们是日本柳杉，是北美红杉的近亲。粗大的枝叶给人一种原始狂野的感觉。树木茂盛，蕨类植物铺满地面，攀缘植物快就要在较小的树木和灌木丛的包围中透不过气来。这里距离郊区铁路的最后一个车站只有半小时的步行路程，这便是东京的新宿站，是世界上最繁忙的车站之一，日均客流量达 360 万人次，有 36 个站台和 200 个入口。

在日本，人口稠密的城市通常毗邻覆盖着茂密森林的山地。在城市的边缘，一片片稻田穿插在众多建筑物之间，森林看起来似乎很近。深绿色的树墙似乎想把人拒之门外。日本柳杉是森林最重要的组成部分之一。在日本，森林覆盖了近 70% 的土地，而在其他工业化国家这一比例一般不超过 50%。17 世纪初，由于乱砍滥伐和持续数十年的内战的影响，日本的森林覆盖率大幅下降，山洪和泥石流灾害频发，灾情严重。那时，日本政府严格控制伐木活动，大力植树造林。日本设置了被称为"山守"的职位来保护森林，同时鼓励人们经营苗圃培育树苗。森林对于日本的环境来说尤为重要。水稻是该国大部分地区的主要农作物，稻田需要充沛的水资源，而森林可以防止水土流失。日本柳杉就是江户时代政策的受益者，当然也得益于它们的再生能力。这种能力在针叶树中很少见，但日本柳杉与北美红杉都具有这种能力。

尽管与北美红杉的亲缘关系很近，但是"日本柳杉"这个名字会引起误导，因为这种树与真正的杉树无关（尽管它们都是针叶树），而且看上去完全不像北美地区任何被称为杉树的树。这种树在日语中被称为すぎ（"杉"），具有重要的象征意义。它们应该是日本的特有物种。尽管中国 1000 多年前就已经有日本柳杉存在的证据，但人们认为这些日本柳杉是当时从日本引入的，这可能是两国间文化交流的一部分。日本大部分地区的气候都适合树木生长。在土壤厚实肥沃的情况下，日本柳杉在温暖潮湿的夏季生长迅速。日本柳杉和日本扁柏（*Chamaecyparis obtusa*）在日本文化中都与人们的精神有着密切的联系，这可能是因为它们是常绿植物，并且能够散发出较为明显的芳香气味（另一种具有重要精神意义的树是樟树）。这两种树在日本文化中都是神灵的居所，日本的很多节日

◀ 日本柳杉树枝上丛生的针叶和几颗未成熟的球果。

也以日本柳杉为主题。在节日庆典中，日本人会砍伐一棵日本柳杉，并对其进行精心装饰。此外，日本柳杉也是一种极受欢迎的行道树。

日本柳杉是一种很好的木材来源，分量较轻，呈粉红色，牢固耐用。这种木材在日本传统建筑业中享有很高的地位，一般用于修建宫殿、寺庙和其他重要的建筑物。在其他地方，日本柳杉也有人工林分布，在喜马拉雅山等环境条件与日本相似的地区被广泛种植。在某些情况下，这种树木会对当地的环境造成灾难性的影响。在亚速尔群岛上，为了大规模种植日本柳杉，当地的原始森林遭到了无情的破坏。

在日本，这种树与著名的清酒有联系，它的木材经常用来制造酒桶。传统上，销售清酒的酒店会在室外悬挂一个由日本柳杉树叶编制的球作为招牌。最优质的酒桶是用吉野周围的森林中的日本柳杉制作的。有趣的是，这一地区也与樱花的起源有关。

出人意料的是，尽管日本柳杉是一种生长迅速且体量庞大的树，但也有相当多的矮化树种，被广泛用作园林植物。其中很多被称为“女巫的扫帚”，用它们的树枝培育的树木的生长速度非常缓慢，因此植株自然是矮小的。例如，“万代”在十年内增长的高度不超过1米。这种树的枝叶茂密，造型紧凑，很好看，而冬季呈青铜色，这又增加了它的观赏价值。一些品种最初是由日本人挑选培育的，作为盆景很流行，但大多数是由西方人培育的。“压缩咖啡”就是其中之一，也是生长最慢的一种，10年内长不了30厘米。矮小的针叶树在20世纪60年代非常流行，这是因为它们的养护成本比较低，但一些园艺师对它们不感兴趣。目前，矮小的针叶树已经成为人们最讨厌的园林植物之一，对于日本柳杉这种具有神圣地位的树木来说是一个败笔。

◀ 日本柳杉成年植株郁郁葱葱，枝叶繁茂。

菩 提 树

Ficus religiosa

科：桑科

简述：大型半常绿乔木，在宗教中具有重要意义

原产地：南亚和东南亚

高度：30 米

潜在寿命：至少 2000 岁

气候：季节性干旱的亚热带和热带气候

大隐隐于市。在川流不息的闹市街头，坐落着一座青灯古寺，橙砖银瓦，梵经飘香。寺边的菩提树下，得道高人打坐冥想。在车流中似小岛般飘摇的菩提树，仿佛历经了千年洗涤，远离尘嚣。

自人类文明出现以来，树一直是人们崇拜的对象，广泛出现在各种宗教中。 历史上，在一些地区，神龛往往被设置在树下，或者整个寺庙都修建在森林之中。菩提树之所以在佛教中具有特殊的地位，据说是因为释迦牟尼曾在菩提树下修行。释迦牟尼是印度的一位王子，大约生活在公元前 500 年。如今，释迦牟尼修行时的那棵菩提树是否还在，已无从考究。菩提树可通过枝条的扦插进行繁殖，因此从遗传学角度来说，最初的那棵菩提树的基因可能已随着佛教传播到了世界各地。任何可以追溯到明确母体的菩提树都可以认为是原来的那棵菩提树。

菩提树叶子的形状奇特，整体呈心形，“心尖”部分逐渐变细并延长，植物学家将此称为“滴头”。这是热带植物常见的叶片特征，有助于排掉叶子表面的水分，减少藻类在叶片表面生长，防止叶子的光合作用受到阻碍。植物学家可以通过判断植物叶片化石上是否有“滴水尖”来确定这种植物是否来自热带地区。叶尖的“滴水尖”不仅使叶片看起来更优雅，在古代还可以用于绘画。人们在水中将叶肉除去，仅保留精细的叶脉，然后用这些叶脉进行绘画。

在印度的传统医疗中，菩提树的叶子和果实可以用于治疗痢疾、腮腺炎以及心脏病等。临床试验表明，菩提树确实具有抗菌和止痛作用。在印度有一种非常常见的腌菜是用芥子油和菩提树的叶子制成的，具有治疗腹泻和痢疾的效果。

除亚洲地区外，菩提树在其他气候适宜的地区也有分布。菩提树也是制作盆景的优良树种。由于生长习性和很强的可塑性，菩提树特别适合修剪。由于菩提树不能适应干燥环境，因此在气候寒冷的地区，人们只能将其作为盆景放在室内观赏。这种颇具东方魅力的树以这种方式出现在了其原产地之外的地方。

◀ 菩提树的根（左图）和叶子（右图）。

SCOTTISH NATIONAL GALLERY

挪威云杉

Picea abies

科：松科

简述：欧洲最具商业价值的针叶树之一

原产地：欧洲北部和山区

高度：60 米

潜在寿命：单棵树的寿命长达 500 岁，考虑再生的话，寿命就长多了

气候：凉爽的温带气候

有一种树每逢圣诞节就会变成主角，人们把各种精美的饰品挂在树梢，庆祝这个重要节日的到来。它就是圣诞树，而其学名叫作挪威云杉。

在西方的很多国家中，人们很熟悉挪威云杉。几乎每个人在小时候都曾躺在圣诞树下，在浓郁的树脂香味中凝视着密集的树枝，即使被尖锐的针叶扎到也毫不在乎。然而现在越来越多的欧美人不再选择挪威云杉作为圣诞树，他们更喜欢冷杉，因为冷杉的叶子较软，保存的时间更长。

除了圣诞节，挪威云杉还与许多古老的习俗有关。在德国的许多地方，当房屋的框架结构搭建完成时，工人们会将一棵挪威云杉放在屋顶。挪威云杉作为圣诞树的历史可以追溯到 16 世纪，那时德国的一些行会成员开始使用挪威云杉来装饰他们的大厅。这个习俗慢慢地传给了贵族，新教教徒开始将其作为圣诞树。圣诞树最初是用蜡烛装饰的，从 19 世纪后期开始饰品中又增加了玻璃球等。虽然维多利亚女王的丈夫阿尔伯特亲王没有将圣诞树引入英国，但他也为挪威云杉的传播做出了巨大贡献。另外，德国移民将这种风俗带到了北美。在德语中，挪威云杉的名字叫作“Gemütlichkeit”，它还表示“舒适”的意思。但是，由于一些历史原因，直到 20 世纪这种风俗才逐渐被人们广泛接受。

苏联的圣诞树颇具时代特色，当时人们会在树梢放上一颗星星，在树枝上挂上拖拉机、飞机、卫星和宇航员等模型，以取代传统的饰品。

现在，尽管人们家中用来制作圣诞树的树木多种多样，但社区广场上和教堂外的大型圣诞树几乎都是用挪威云杉制作的。每年挪威政府都会向华盛顿特区、纽约市、爱丁堡和伦敦等赠送整棵的圣诞树，以感谢他们在第二次世界大战中给予挪威的帮助。这些圣诞树备受当地人的喜爱。

挪威云杉在欧洲的分布广泛，随处可见。它们可以很好地适应较短的生长季节以及北欧山区的贫瘠土壤。而在其他地方，挪威云杉多以经济林的形式存在。在景观中，挪威云杉林的颜色很暗，不大受人们的欢迎。人们一般会用这种树木制作围栏、栏杆以及纸浆。

像许多在严寒气候下生长的植物一样，挪威云杉的寿命也相当长。不仅如此，挪威云山还可以无性繁殖。最近在瑞典山区开展的一项研究发现，该地区的挪威云杉植株和枯木的基因完全一致。尽管人们知道挪威云杉能够通过根部萌发的新芽进行无性繁殖，但这首次证明这种克隆体具有长寿特性，寿命达到了 9550 年。

◀ 一棵用挪威云杉制作的圣诞树点亮了苏格兰爱丁堡的夜晚。

可 可

Theobroma cacao

科：锦葵科

简述：小型常绿树，具有重要的食用价值

原产地：中美洲和南美洲北部

高度：15 米

潜在寿命：100 岁

气候：湿润的热带气候

一小群欧洲游客聚集在植物园中的一棵树旁，兴致勃勃地观看树上的果实。这些果实又大又重，看起来像两头尖尖的葫芦。更重要的是，它们仿佛是直接从树干和较粗的树枝上冒出来的。显然，这群没去过热带地区的欧洲人从未见过这种树。若得知这种树的名字，他们肯定会一拍大腿，如梦初醒。但是，如果来自温带地区的另一群有食用巧克力的传统的游客看到这种树的话，情况可能就会不大相同。他们会说："这就是可可嘛！"

可可的这种结果特征属于典型的茎花现象，茎花现象是指乔木主干基部萌生花枝、开花结果的现象。无论这种现象形成的原因是什么，有一点是肯定的，那就是热带木本植物的皮比在寒冷气候下生长的树木的皮更薄，从而使芽更容易在树干和较粗的树枝上长出。

可可豆是制作巧克力的主要原料。在历史上，可可豆多被制成饮料而非巧克力。例如，墨西哥的香波拉多就是在玉米粉中加入可可粉制成的浓稠的粥状饮料，多用于庆祝节日。可可的拉丁语学名来自希腊语，意为"众神的礼物"，以表明人们对这种植物的重视。可可豆中最主要的化学成分是可可碱，可可碱与咖啡因有很多相似之处。在食用可可豆时，首先必须将可可豆从豆荚中分离出来，经过几天发酵，然后进行烘烤。

可可是大航海时代的一种重要饮品，西班牙殖民者从美洲大陆回来后对其念念不忘。可可很快就被引入欧洲，商业生产开始扩展到许多热带地区。可可豆大多是由农户生产的，每户人家可能只有几棵可可，通常只是作为经济林的附属品进行种植。在加纳，可可一般栽种在林地中其他树的下面，其中间种木薯、山药或其他食用植物。可可适应阴暗环境，它们的叶片能够朝着太阳转动，以最大限度地利用阳光。

可可喜阴，这意味着它们可以作为经济作物种植在林间，这为人们保护热带雨林的生态环境提供了很好的动力。为可可花授粉的昆虫只能在未受干扰的森林环境中才能繁衍，而在人工种植的经济林中不能繁衍。这是保护原始森林的第二大原因。

与其他作物一样，可可有很多变种。鉴赏家认为，克里奥尔产的可可豆最适合制作巧克力。与其他地区的可可豆相比，这里的可可豆少了些苦涩，而多了些清香。问题是纯种克里奥尔可可十分稀少，主要集中在委内瑞拉。不幸的是，克里奥尔可可更容易患病。育种者和研究人员一直致力于研究利用各种不同的品种进行杂交，以提高可可的抗病能力和产量。随着人们生活条件的改善，这项研究的意义将逐渐凸显出来。

▶ 可可树（上图）和未成熟的可可果（下图）。

黎巴嫩雪松

Cedrus libani

科：松科

简述：大型常绿针叶树，曾经具有重大的经济价值，现在更侧重于文化和景观价值

原产地：从土耳其南部到以色列和巴勒斯坦

高度：40 米

潜在寿命：至少 1000 岁，有人声称它们可以活到 2500 岁

气候：高海拔地中海气候，也适应温带气候

在黎巴嫩的一个公园里，一棵老树默默地见证了一栋房子随着黎巴嫩这个国家的发展而发生的变迁。这棵树在 18 世纪刚刚栽下时，那栋房子是一个贵族的住所；在第二次世界大战期间，这里被美军占用；第二次世界大战之后，在 20 世纪 50 年代变成了一所学校（和其他英式豪宅一样几乎被拆毁）；最后，在 80 年代被卖给了一家公司作为总部。这棵树的树枝非常靠近地面，孩子们能够爬上去荡秋千。有些树枝被砍掉，这让它看起来有些笨拙，但巨大的体量和古朴的气息让它的存在感无比强大。

黎巴嫩雪松曾是 18 世纪英国乡村庄园大改建运动中最受欢迎的树木之一。它们的外观优美，寿命极长，而且与《圣经》的联系密切。事实上，有些黎巴嫩雪松就是由朝圣者从圣地带回来的种子长成的。19 世纪，黎巴嫩雪松被引入美国，最初引入的一批树中有一些至今依然枝繁叶茂。在 19 世纪和 20 世纪之交，人们引种了其他种类的雪松，例如雪松（*Cedrus deodara*）和蓝叶阿特拉斯北非雪松（*C. atlantica* 'Glauca'）。但是，这些雪松都没有黎巴嫩雪松的那种不对称分层树冠。真正保持这种造型的黎巴嫩雪松现在已经比较少见，因为这些老树已饱经风霜，它们的枝叶难以保持正常形态。

在中东地区的古代文明中，黎巴嫩雪松是最佳木材。在法老的墓中，人们发现了黎巴嫩雪松木材和树脂（制作木乃伊的众多原料之一）。在圣经故事中，所罗门王利用黎巴嫩雪松建造圣殿，而在《吉尔伽美什史诗》中，黎巴嫩雪松林则是众神的居所。这种树仅分布在海拔为 1000~2000 米的地区，因此远离人类河谷文明的这一特性使得它们的价值进一步增加。在基督教徒的心中，黎巴嫩雪松的地位无比崇高，以至于其他一些树木也被冠以黎巴嫩雪松之名来抬高身价。北美的各种雪松看起来雄壮高大，但其品质难与真正的黎巴嫩雪松媲美。

如今，黎巴嫩雪松木材的品质由于数量稀少而越发显得珍贵。数千年来，地中海地区的人们一直在不断开发环境。一方面，他们对黎巴嫩雪松木材的需求量节节攀升；另一方面，他们放火烧林，开辟牧场。罗马皇帝哈德良是历史上记载的第一位尝试保护黎巴嫩雪松资源的统治者。

◀ 一棵黎巴嫩雪松（上图）以及它的叶子（左下图）和带种子的球果（右下图）。

樟

Cinnamomum camphora

科：樟科

简述：具有历史价值的长寿常绿乔木

原产地：从中国中部至东南亚

高度：30 米

潜在寿命：超过 1000 岁

气候：湿润的亚热带气候

在中国中部夏季的炎热天气里，一般的树荫似乎起不到什么作用。然而，在一些寺庙里，那些大而有光泽的樟树叶子似乎逼退了一些热浪，带来了些许凉意。大樟树似乎是寺庙中不可缺少的一部分，这可能是由于樟树和香火之间的联系。

樟曾是覆盖日本南部低地以及中国中部和南部的大部分地区的天然森林中的重要树种。现在，原生樟树仅存在于佛教寺庙和一些历史遗迹中。樟树的体量巨大，是一种在其周围的环境中真正占主导地位的树，树冠上覆盖着宽阔的、常绿的叶子。春天，樟树的叶子呈深红紫色，然后逐渐转变为深绿色。长期以来，樟树因能够产生具有浓郁芳香气味的芳香烃而备受重视，比如用于制造樟脑、熏香等。人们似乎很容易被这种散发出强烈香味的植物所吸引。总之，早在在现代化学普及之前，这类能够从中提取芳香烃的植物就已经受到了特别重视。

樟树的一切都围绕着它的香气展开，即使樟木也不例外。在中国和日本，古代的很多佛像都是用樟木制作的。日本现存最古老的木制佛像“救世观音”就是在公元 7 世纪用樟木雕成的。这尊佛像在奈良的一座寺庙中保存了数百年，1884 年公开露面，保存状态良好。在每年春季的特定时间，游客可以观瞻这尊佛像。

◀ 一棵成年樟树，成了其生长地区的主宰。

樟的学名为 *Cinnamomum camphora*，表明它与香料肉桂有密切关系。肉桂通常以粉末状出售，这种粉末是由樟属中的一种植物的皮制成的。

樟脑的主要成分通常是从树叶中蒸馏出来的，有时人们也会使用碎木片。在 19 世纪和 20 世纪初，这种白色的结晶状物质非常重要，因为它在制造炸药和油漆溶剂的过程中起到了重要作用。樟脑实际上含有多种芳香烃。在从不同地区不同品种的樟树中提取出来的樟脑内，各种芳香烃的比例明显不同。在现代农药普及之前，樟脑广泛用于驱虫。从 18 世纪开始，樟木用于制作海员所使用的储存箱，其抗腐蚀性能好，并且能够驱除海湾附近的蛾子和其他害虫。

在医疗方面，樟脑曾用于治疗感冒、瘀伤、炎症等。后来人们认识到，大剂量使用樟脑对人体有害，长期小剂量使用可能致癌。美国食品药品监督管理局禁止将樟脑用作可被人体摄入的药物成分，但允许在皮肤上外用的产品含有樟脑。目前没有证据表明偶尔摄入少量樟脑对健康有影响，据说在一些地方的甜食中樟脑仍被用作调味剂。

第4章 效用

木材是所有材料中最有用的材料之一，并且在全球大部分地区是最容易获得的材料之一。我们的祖先很早就知道哪些木材易于加工，哪些木材坚固耐用。今天，人们对木材的需求与以往一样强劲，木材也是制造纸张和纸板所用木浆的原料。

对木材的需求导致森林遭到大规模破坏，工业社会的破坏力尤其惊人。早期美洲大陆上的定居者使用木材建造简单的房屋，用木板铺路，在大型开放式炉子里燃烧木柴。在世界的另一端，几个世纪以来，中国人用木材作为烧制陶瓷的燃料。现在，人们更加重视林地的可持续发展，充分利用每一块木材。

得益于花旗松、西部侧柏和异叶铁杉林地的可持续发展，太平洋西北部地区建立了先进的木材加工工业。但是在其他地区，热带森林的破坏有增无减。黑檀等具有很高的价值，以至于任何监管似乎都无法阻止它们被开采。柚木等树种越来越多地种植在管理良好的种植园中，但这样的单一物种种植园极大地降低了物种的多样性。新的林地对野生动物来说要贫瘠得多，但它们至少有助于减轻原始栖息地所面临的压力。

随着价格的合理化，木材越来越受到欢迎，而时尚潮流和技术也会影响木材的需求。欧洲梧桐现在很受欢迎，价格也不错，而北美鹅掌楸曾经被认为是用途广泛的木材，现在只用于制造纸浆。至于其他树木，特别是那些像桤木这样的软木，人们尚未发现其真正的用途。

木材并不是树木的唯一商业用途。几千年来，栓皮栎的树皮有很多用途，白柳柔韧的枝条可以用于编制篮子，吉贝纤维用于填充救生衣，葫芦树的果实用于制作各种器具。树木的汁液也大有用途，可以用于制作食物（如枫糖），也可以用作工业原料（如橡胶）。叶子也有用，例如桑叶可以用来养蚕，它们也是很好的牛饲料。事实上，桑树是现在所谓的“农林业”中深受欢迎的树种之一。这是一个令人振奋的新领域，可以实现土地的多种用途，并为植物资源的可持续开发带来很大的希望。树木也可以用作草药，最后剩余的东西可以用作木柴。

◀ 花旗松独特的树皮。

欧洲梧桐

Acer pseudoplatanus

科：槭树科

简述：落叶乔木

原产地：欧洲大陆

高度：35 米

潜在寿命：300 岁

气候：凉爽的温带气候

北欧地区的大部分农场地处高原，这些地区一年四季都有来自四面八方的大风肆虐。在这些农场中，用石头砌起来的小屋及其旁边高大的欧洲梧桐往往是一道独特的风景线。这些雄伟的欧洲梧桐用它们高大的身躯庇护着这些农场，任凭风吹雨打而自岿然不动。它们是农民最喜爱的农场树木。多亏它们挺身而出遮风挡雨，等待挤奶的奶牛才能得到庇护和阴凉。如果所有人都能够看到它们在这种地方所发挥的巨大作用，那么欧洲梧桐的名声或许能够有些改善。因为在其他地方，欧洲梧桐是一种极具侵略性的物种，能够在荒地上迅速生长，而且不易腐烂的落叶极大地抑制了下层植物的生长。毫无疑问，欧洲梧桐是一种毁誉参半的树。值得一提的是，欧洲梧桐与美国梧桐（*Plantanus occidentalis*）截然不同，二者的相同之处仅体现在叶形上。这里主要介绍欧洲梧桐，美国梧桐是悬铃木科悬铃木属的一个物种，而欧洲梧桐是一种枫树，二者并不相关。

在自然状态下，欧洲梧桐常出现在欧洲大陆的各种混合林中，但在不列颠群岛和斯堪的纳维亚半岛上没有自然分布。16 世纪左右，欧洲梧桐被引入英国，随后传入斯堪的纳维亚半岛。欧洲梧桐在这两个地区蓬勃发展，一直向北扩展至法罗群岛。但是在英国和瑞典，其强大的繁殖能力在 20 世纪下半叶引起了本土植物保护主义者的警觉。有人认为欧洲梧桐对当地的野生生物来说没有任何价值，而粗犷的外表和大量的枯枝落叶更是让它臭名昭著。

欧洲梧桐的种子不仅数量巨大，而且造型奇特。每一个球形种子都附着在坚硬的螺旋状结构上，植物学上这种果实被称为翅果，可以传播很远的距离。在城市的林地系统中，每逢冬去春来，人们都可以在路旁以及其他树木之间的空地上看到很多欧洲梧桐的幼苗露出地面。

最近的研究表明，我们对欧洲梧桐的看法也许有待改观。欧洲梧桐似乎并不会对本地的植物物种产生威胁。与其他外来入侵物种一样，它们非常擅长恢复遭到破坏的环境。所以，人们自然认为欧洲梧桐挤压了当地物种的生存空间。实际上，欧洲梧桐的幼苗不会在其他树的树荫下生长，它们在与欧梣（*Fraxinus excelsior*）的竞争中输掉了。欧梣是欧洲的本土物种，传播能力很强。此外，研究表明，欧洲梧桐对野生生物颇有益处。因此，欧洲梧桐的声誉在逐渐提高。与大多数欧洲树木不同，它们是由昆虫而不是风来授粉的。此外，欧洲梧桐容易遭受蚜虫啃食，而蚜虫又是鸟类和睡鼠等野生动物的食物，因此它们对生态系统的贡献很大。对于野生生物来说，有些树木像高端的奢侈品商店，而欧洲梧桐更像物美价廉的超级市场——虽不优雅，但非常受欢迎。就生物多样性而言，欧洲梧桐有其用途。也许是时候该为其正名了。

◀ 欧洲梧桐的树皮很光滑（对页图），它们即使在开阔地带也不会停止生长（下页图）。

栓皮栎

Quercus suber

科：壳斗科

简述：常绿小乔木，具有很高的经济和生态价值

原产地：地中海地区东部

高度：20 米

潜在寿命：250 岁

气候：地中海气候，对较冷的气候有一定的耐受性

收获季节到来了，放眼望去，山坡上满是灰绿色。乍一看，谁也不会知道满山遍野的粗矮树木竟是农作物。人们在树木之间来回穿梭，然后驾驶着卡车满载而归。在这里，人与自然和谐共处。

栓皮栎具有大自然赋予的得天独厚的优势，木质轻盈，防水性能突出。栓皮栎的树皮具有奇特的海绵状结构，但是足够坚固。罗马人用它来制作盛放葡萄酒和其他液体的瓶子的塞子，这种做法一直延续至今。如今，人们也使用塑料和金属塞子。相对于软木塞，塑料和金属塞子的唯一优势在于降低了真菌病原体污染瓶中液体的风险。但是，软木塞的生产是可持续的。

很多橡树的原产地都在地中海地区，它们也适应了该地区的气候条件，但是栓皮栎将自己的树皮演化到了很高的水平。森林火灾是地中海地区树木的重大威胁之一，因此防火是该地区植物的必备技能之一。许多物种本身易燃，但会产生大量种子，以求种群延续。还有一些植物（如石松）已经演化出了可以保持其高高在上的叶子不受伤害的策略，并且树干具有可以防火的树皮。栓皮栎在必要时可以牺牲树枝和树叶，因此大火过后，它们就可以直接从原来的树皮下重新焕发生机。而原本已经长大的树干则赋予了栓皮栎比其他被大火烧毁的物种幼苗更大的生存优势。

栓皮栎具有如此独特的优势，得益于树皮细胞产生和储存了一种叫作木栓质的化学物质。木栓质具有高度的疏水性，可存在于许多植物的各个部位，尤其是根部，有助于防止水分流失。但是，只有栓皮栎在树皮下存储了大量木栓质。 随着树木的老化，树皮越来越厚。一旦达到一定的厚度（通常在树龄达到 25 岁时），人们就可以将树皮剥下来而不影响栓皮栎的生长。这种树皮的采集以 9~12 年为一个周期，可重复采集一个多世纪，是可持续发展的农业项目之一。

目前，栓皮栎树皮的采集尚未实现机械化，仍然是一项技术含量很高的工作。一旦剥皮时砍到树皮下面的活体组织，就很容易对树木造成损害。栓皮栎一般生长在丘陵地带，那里不适合其他农作物生长。因此，树皮的采集工作通常需借助驴或小型拖拉机来完成。作为一项经济活动，栓皮栎的树皮采集仍然是传统的劳动密集型职业。据计算，欧洲软木加工行业的雇工人数达 30000 人，年产量约为 30 万吨。栓皮栎林也有传统的农业协会。林地中可以养猪，以在秋天为栓皮栎施肥；羊可以啃食林间的杂草；蜂蜜和野生蘑菇也是重要的收入之一。

▶ 古老的栓皮栎树干，可作为寒冷冬夜的优质木柴。

栓皮栎在水土保持方面的价值得到了广泛认可。丘陵地带的森林有助于将水保持在土壤中，为下游的农民提供稳定的水源，但并非所有的栓皮栎都生长在森林中。在一些地区，小农户将栓皮栎与其他农作物混种在一起，作为多样化传统农业的一部分。栓皮栎的价值非凡，葡萄牙（世界上最大的软木供应国）政府规定砍伐栓皮栎属于违法行为。在该国，即使砍伐那些没有生产能力的老树也要得到农业部门的许可。

软木经济林的经营与维持生物多样性并不冲突。栓皮栎下生长的野生植物不会影响其生长，鸟类和其他野生动物几乎不会对树皮造成破坏。栓皮栎可以成为地球上人口最稠密、生态破坏程度最严重的地区的生物的庇护所。鉴于塑料和金属塞子对软木塞行业构成的威胁，栓皮栎受到自然保护主义者的关注也是理所当然的。除了制作瓶塞外，软木还有诸多用途。软木是极好的绝缘材料，良好的隔热和隔音性能使其成为制作地板的常用材料，并且在其他专业领域得到了广泛应用（例如制造汽车离合器、航天器的隔热罩）。随着保温材料成为不断发展的节能技术的关键部分，这种高效的材料很可能会拥有美好的未来。

◀▲ 栓皮栎的树皮十分粗糙，布满裂纹，不会被误认为是其他东西。

花旗松

Pseudotsuga menziesii

科：松科

简述：大型常绿针叶树，具有重大的景观和经济价值

原产地：北美西海岸，从加拿大到墨西哥

高度：120 米

潜在寿命：1000 岁

气候：凉爽的温带气候到地中海气候

在俄勒冈州沿海地带，很多家庭和店铺门前都有一块非常相似的招牌。大多数时候，这些经过喷砂处理的招牌上刻的是字母，偶尔也有符号标识，宽大的木材纹理使刻在其上的文字符号更加清晰。这种宽大的纹理就是花旗松的标志性特征。花旗松是美国西北海岸最常见的树种，由苏格兰人戴维·道格拉斯命名。他曾是 19 世纪美国的一名植物学家。但是，花旗松的拉丁语学名 *Pseudotsuga menziesii* 不是用于纪念他，而是用于纪念苏格兰博物学家阿奇博尔德·孟席斯。在美国西海岸的北部地区，虽然至今仍有一些雄壮威武、历史悠久的花旗松，但大部分都是遭到欧洲殖民者砍伐破坏之后经过再生演替生长出来的年轻树木。

19 世纪，在伐木工的乱砍滥伐之下，美国东部各州的白松很快就消失殆尽。花旗松高大笔直的树干成了伐木工眼中白松的理想替代品。仅仅过了 30 多年的时间，一半以上的花旗松就惨遭砍伐。在美国，这种树木本来是除北美红杉以外最高的针叶树，但那些高大的树木几乎都倒在了电锯之下。花旗松的再生能力极强，从某些方面来说，这是一种理想的经济木材。木材呈粉红色，纹理宽大，十分美丽。花旗松的树枝较少，很适合制作胶合板，因此，这种木材一般用在工业领域，如制作铁轨枕木和电线杆等。美国西海岸北部的地理特点也为冷杉森林资源的开采提供了便利条件，紧邻海岸线意味着开采的木材资源可以极其方便地通过水路运往他处。但是，大量的小海湾和临时码头也为非法木材贸易大开方便之门。

如今，一个世纪前人们在这里乱砍滥伐的痕迹已经消失了。得益于漫长的生长季节和湿润的气候，冷杉林再次焕发生机。而该地区的另一种大型经济林木——西部铁杉则没这么幸运。西部铁杉喜阴，花旗松幼苗喜阳，所以当森林被砍伐一光之后，花旗松的再生效率比西部铁杉高得多。人们并不希望森林被砍伐一空，但对花旗松来说这是件好事，因此在某种意义上，这是一种完美契合林业发展指标的树木。

尽管花旗松是一种理想的经济树种，但对生态学家而言，年轻的森林缺少很多元素，只有成熟的森林才可以接纳年轻树林所不能接纳的各种野生动植物。例如，红树田鼠只在老树上筑巢，斑点猫头鹰也是如此，它甚至因此成为了反对砍伐老森林的环保组织的吉祥物。当然也有人认为，猫头鹰的适应能力比那些环保主义者所认为的要强得多。由于一般森林都会周期性地发生火灾，真正的老森林其实并不多见。

◀ 花旗松的树干笔直，是木材加工工业的支柱。

白 柳

Salix alba

科：杨柳科

简述：在其原产地是一种很常见的落叶乔木，栽培历史悠久

原产地：西欧到中国边境

高度：20 米

潜在寿命：大约 100 岁

气候：凉爽的温带气候

冬日的暖阳将白柳的枝条清晰地映衬在天空中，从树干上抽出的枝条呈放射状伸向四周，构成了平坦、荒芜的沼泽中最亮丽的风景。白柳不仅是湿地中最常见的树种之一，还是常见的园艺树种。

白柳枝条的生长速度快得惊人，如果将其从树干上折下，新的枝条可以在短短的一个季度内长到2米。这些枝条的柔韧性很好，有许多用途。在工业革命之前，柳条是人类最常用的材料之一。早在数千年前，人类就已经学会用柳条编制篮子了。一些考古学家认为，具有收集、储存和运输功能的篮子是早期人类最先需要使用的工具之一。在某些早期文明中，编制篮子是每个人都必须掌握的生活技能，每个人都应该在一小时左右的时间内编制一个具有基本功能的篮子。柳条还用于作制作围栏、笼子甚至儿童玩具。几千年来，人们一直用柳条编制篮子等工具。不到一年的柳条非常柔软，这种材料具有强度高、柔韧性好、十分轻盈等优点。没有侧突的柳条最适合编制篮子，而带侧突的柳条可用于制作较大和较重的结构。除了篮子外，柳条还可以用于制作捕鱼工具、牲畜围栏和原始的船只。柳条上的纤维可以用于制作绳索和纸张。

杨柳科植物在生长到一定高度之后就会停止纵向生长，开始向某一侧倾斜，就像要倒在地上一样。这并不是因为它们的大限将至，而是为了尽可能地趋近潮湿的地方。柳树的再生能力极强，只要倾斜的树干能让枝条接触湿润的土壤，枝条就能够迅速生根发芽，长成新的柳树。这样的生长方式意味着柳树一般以灌木丛的形式扎堆出现，这些灌木丛可以有效地拦截洪水所携带的泥沙等物质，进而起到塑造地形的作用。这仅仅是白柳将湿地转化为良田的过程中的一部分。这种生长习性扩大了白柳的用途。人们常在大堤上插上柳条，这些柳条生根长大后，大堤将更加坚固、美观，还能减少侵蚀、崩岸滑坡等现象，种植成本和环境成本都很小。在现代生活中，白柳还可以用于园艺活动，如学校、社区以及私家花园的绿化和造型。

白柳的形态和颜色变化万千。有的白柳幼苗的树皮是亮黄色的，有的是橙色的，还有的是猩红色的，其中最常见的是泥褐色的。值得一提的是，这样鲜艳的色彩组合只有在冬季才能看到。这也为希望给冬季的景致增添一抹暖色的景观设计师提供了完美的选择。在冬日阳光的照耀下，白柳的树皮呈现出

◀ 白柳的名字来自其叶片背面的白色。

鲜艳的色彩，尤其是在纬度较高的地区。但是，几年之后，枝条慢慢老化，树皮就没有如此通透，失去了焕发光彩的能力。因此，需要对白柳的老枝条进行修剪，保证不断萌发新的枝条，继续保持鲜艳的颜色。树皮的颜色对于篮筐制造商等来说也很有用，但他们制造的产品可能会在几年后逐渐褪色。

柳木质地坚韧、轻盈，但不耐腐蚀。有一种柳树叫作卡鲁利亚，俗称板球柳，是专门用于制作板球拍的一种经济林木。其他大多数柳树常用作燃料。白柳的优良性能引起了政府、企业和有关人士的关注，他们致力于开发以白柳为基础的可持续、可再生能源，以替代煤炭和石油。

目前，环保主义者正在积极推动白柳在护堤固坡方面的应用，以替代混凝土（制造过程会产生大量的温室气体）。白柳的根可以迅速扎进土壤之中，将松散的土壤固定在一起。在管理合理的情况下，白柳可以在数十年内发挥作用。但是万事有利必有弊，超强的生根能力也导致白柳经常侵入下水道和排水沟而将其堵塞。

像许多植物一样，柳树在传统医学中也非常有用。白柳含有一种名为水杨酸的化合物，可以有效缓解疼痛，但同时会引起胃部不适。在白柳分布的地区，人们几乎都对白柳的这种镇痛作用有所了解。化学家后来利用水杨酸合成了另外一种物质——乙酰水杨酸，这是目前世界上通用的镇痛药物阿司匹林的主要成分。自 1897 年研制至今，人们一直在研究乙酰水杨酸在改善人类健康方面的作用，从未停止。

▶ 白柳占据了它最喜欢的栖息地。

北美鹅掌楸

Liriodendron tulipifera

科：木兰科

简述：具有重要意义和观赏价值

原产地：美国东部，不包括阿巴拉契亚山脉以西

高度：60 米

潜在寿命：500 年，通常更短

气候：夏季温暖的温带气候

从近处看，北美鹅掌楸就像擎天柱一样直插云霄。它拥有温带地区少见的挺拔秀丽的树干。乍一看，人们往往以为这是一种来自热带的树木，因此其木兰科植物的身份一定会让很多人大吃一惊。北美鹅掌楸缺乏分类学上的明显特征，但丝毫没有降低其辨识度。北美早期移民发现北美鹅掌楸时无不为其庞大的体量所震撼。

在瓜分北美东海岸的财富的过程中，来到这里的英国人和法国人逐渐定居下来，他们砍伐森林，开荒种地，同时也开始探索北美的新植物。这种探索活动主要是由一些对新植物充满兴趣的园艺师和土地所有者所推动的。18 世纪，居住在费城的植物学家约翰·巴特兰姆开创了一种营利性业务，将收集到各种美洲植物（主要是树木）的种子出售给彼得·科林森，后者是他在英国的赞助商。科林森再将种子分发给喜欢新奇植物的花园和植物园经营者，其中不乏位高权重的人士。

在英国，种植美洲树种的风气始于 17 世纪。新大陆的发现给了英国园艺师接触新的植物品种的大好机会。在此之前，英国大多通过奥斯曼帝国引进来自中东和地中海地区的新物种，那里的气候条件与英国相差很大。新大陆发现之后，英国在 18 世纪掀起了种植美洲树种甚至修建“美洲花园”的浪潮。科林森引进的每一批种子都被抢购一空，但如今当年培育的树木已经寥寥无几。许多引进的物种需要在夏季气温比英国的海洋性气候更高的地方才能生长良好。这种美洲植物浪潮直至 19 世纪后期亚洲植物引入后才逐渐消失，来中国和日本的一些植物取代了原来很受欢迎的美洲树种。

在早期引入英国的许多美洲树种中，北美鹅掌楸是成功保留下来的少数树种之一。《席尔瓦》的作者约翰·伊夫林认为，北美鹅掌楸最早是由探险家约翰·特鲁斯坎特父子在 17 世纪上半叶引入英国的。伊夫林还指出，由于这种树木花朵的形状与郁金香相似，所以它以 tulip（郁金香）来命名。叶片的形状则“非常奇特，好像有些地方被切掉了一样”。但是，目前没有可靠的证据和记载能够说明北美鹅掌楸最早是在什么时候被引入的。

康普顿主教非常喜欢植物，他在伦敦富勒姆有一座花园。1688 年，有人在这里看到了一棵北美鹅掌楸。在同一时期引种的另一棵北美鹅掌楸位于苏格兰的科德斯特里姆郊野公园中。在英国的一些花园中还

◀ 秋天的北美鹅掌楸（上图），以及生长在潮湿地带的北美鹅掌楸（下图）。

有一些树龄较大的北美鹅掌楸，它们一般都生长在湖畔。与其他品种的老树不同，北美鹅掌楸并不会“显老”，因此人们不太容易注意到它们的树龄。在 18 世纪引入的树种中，北美鹅掌楸无疑是最成功的例子之一。

在美国成立之前，北美鹅掌楸对当地人的用处之大从它的名字上就可以略见一斑，它曾经被称为黄杨、郁金香杨、黄木、马鞍木、舟木等。北美鹅掌楸之所以被称为黄杨是因为这两种树具有相似之处。北美鹅掌楸木较轻，但强度适中，属硬木中非常理想的品种。北美鹅掌楸木是制造木筏、木船和舱室的绝佳木材，因为它的重量轻，而且具有良好的防水性能。当然，北美鹅掌楸木也是制作独木舟的不二之选。拓荒者丹尼尔·布恩（1734—1820）带领家人从俄亥俄州出发时，他们乘坐的就是用北美鹅掌楸木制成的 20 米长的独木舟。北美鹅掌楸还可以用来制作水管，因为它不会污染水源。后来，北美鹅掌楸木还用于制造风琴中的管道。如今，北美鹅掌楸大多用来制

▲► 北美鹅掌楸的叶子和花，不会与其他树混淆。

造纸浆。北美鹅掌楸 30 米以下的树干上没有大的树枝，在历史上这一特点无疑增加了这种木材的价值。

不管北美鹅掌楸的花朵看起来与郁金香是否相似，但它需要昆虫授粉的特点与其他很多树不同（在温带气候下，大多数树依靠风力授粉）。它们会产生大量的花蜜吸引蜜蜂前来采食。对于大多数人来说，纯北美鹅掌楸蜜的味道过于浓郁，需经稀释后再食用。如果这种蜂蜜用作面包调味剂，则效果非常好。

北美鹅掌楸是先锋物种，在物种演替初期的林地中很常见，而在演替后期的林地中就很少见了。像很多先锋物种一样，北美鹅掌楸的生长速度快，但不同的是它的寿命也很长。在更长的时间内，北美鹅掌楸会被橡树和山核桃替代。北美鹅掌楸能够在潮湿、肥沃的土壤中茁壮生长，但它并不属于沼泽树种。然而在佛罗里达州，有一种独特的北美鹅掌楸能够在有积水的土壤中生长。像落羽杉一样，它也有气生根或者相似的位于水面以上的木质结构，能够为根部输送氧气。这是达尔文进化论的一个富有启发性的例证。

桤 木

Alnus glutinosa

科：桦木科

简述：常见树种，生长在潮湿地带

原产地：整个欧洲

高度：40 米

潜在寿命：很少超过 100 岁

气候：凉爽的温带气候

废弃的厂房，锈迹斑斑的铁塔，弯弯曲曲的管道，还有孤独的龙门吊，这里曾是一座煤焦油加工厂。尽管已经关闭 20 多年，焦油的气味却依然刺鼻无比。在这样一个被重度污染的工厂中，却满眼绿意，到处都是小树。

即使是被严重破坏的生态系统，其恢复能力也是令人惊讶的。在恢复过程中， 有三种树具有重要的作用，它们分别是桦树、柳树和桤木。它们都属于寿命较短、生长速度很快的树种。此外，它们还具有一个重要特征：种子非常小，产量非常高，传播距离非常远。在这三种树里，桤木喜湿，在远离水源的地方几乎无法生存。桤木可以通过根出条进行无性繁殖，这意味着它能产生很多克隆体。尽管单棵树的寿命可能很短，但是桤木的根系可以存活数个世纪，不断通过根系长出新的树木。在河边和湖畔，桤木经常成排分布，随着水系绵延数千米。

人们一般认为桤木生长在水边，但有时也能在沼泽中发现桤木。在自然生长的情况下，沼泽中的桤木和柳树等可以发展为大规模的森林，这种森林被称为湿地森林，现在是最稀有的天然植被类型之一。湿地森林中危机重重，地面非常湿滑，下层草地上的各种植物十分茂密，人们很难穿越，一旦误入其中就异常麻烦。湿地森林给人一种原始的感觉，一般人在这种地方恐怕难以生存。在树木取代开阔水域的过程中，这是一个特殊阶段，芦苇荡逐渐变为林地，桤木和柳树慢慢占据了开阔的水面。

如果折断桤木的枝条，你将发现断口处很快就会冒出一种鲜艳的橙色汁液。这种现象说明桤木可以用来制作染色剂。利用桤木的树皮和幼芽，人们可以提炼黄色染料。添加铜元素后，可以制成灰黄色染料。编织挂毯的工人经常使用这种染料。如果添加铁元素，则可以制成黑色染料。此外，从桤木的柔荑花序中可以提炼绿色染料。在工业革命之前，欧洲人已经能够利用桤木的不同部位的提取物，通过添加不同金属元素的方法，制作不同颜色的染料。

桤木质地柔软，易于加工，在古代经常用于雕刻器具，例如木碗和木屐等。除非对木材的颜色有特殊要求，人们一般不认为桤木是优质木材。尽管桤木在干燥的地面上很容易腐烂，但它们在水中或潮湿的环境中可以保存很长的时间。威尼斯和阿姆斯特丹的地基就是用桤木制作框架的。

桤木的品种繁多。灰桤木（*A. incana*）主要分

▶ 桤木的种子看起来很像针叶树的球果。

布在斯堪的纳维亚半岛和中欧地区多石的山坡上。红桤木（*A. rubra*）则主要分布在美国，它们在次生演替过程中过于强大而妨碍了经济林木的再生，那里的护林员常常为此头疼不已。意大利桤木（*A. cordata*）看起来很漂亮，受到了景观设计师的喜爱。桤木是顽强的开拓者，即使在城市中也有它们的身影，可以说它们几乎无处不在。

葫 芦 树

Crescentia Cujete

科： 紫葳科

简述： 一种非常重要的常绿小乔木，具有一定的园林观赏价值

原产地： 可能是中美洲，其确切的原产地尚不确定

高度： 10 米，通常更矮小

潜在寿命： 不确定

气候： 湿润的热带气候

葫芦树在热带地区无处不在。它们能够结出巨大的球形果实，这些果实去除种子和果肉后，可以用作盛水的容器，我们称之为葫芦。葫芦是天然的优良容器，可以用于存储液体、食物以及贵重的小物件。被横向切成两半后，葫芦可以当作杯子使用。如果进一步切割加工的话，可以将坚硬的果皮制成各种器具，如餐具。挖空的整个葫芦可以用于制作乐器，如鼓、弦乐器的音箱。但是，随着塑料制品的流行，葫芦现在已趋向于作为单纯的装饰品。游客可以在中美洲买到绘有精美图案的葫芦，这是一种迷人的纪念品。

葫芦有两种，其中较为出名的是旧大陆的葫芦，学名是 *Lagenaria siceraria*，是葫芦科的草本植物。据说，这种植物早在 8000 年前就已经出现在美洲。它如何在这么早的时间就传播到了美洲？目前还没有明确的答案，但是 DNA 分析表明，美洲葫芦与亚洲葫芦的亲缘关系比非洲葫芦与亚洲葫芦的亲缘关系更近。由此可以推测，美洲葫芦的种子可能是从亚洲来到北美的早期人类带来的。另一种葫芦的学名为 *Crescentia cujete*，来源也很神秘。这种植物已被美洲原住民广泛传播，现在我们很难确定它最初是在哪里被发现的。在人类历史的早期阶段，在人们学会刀耕火种之前，这两种葫芦就已经得到广泛传播，这一事实表明我们的远古祖先对容器的需求十分迫切。如今，葫芦树大有卷土重来的势头，凭借其优美的外形和可爱的花朵，在亚洲地区被当作观赏植物广泛种植。

葫芦树的果实通常呈球形（在加工过程中一般会被拉长），表皮坚硬，富有光泽，而且不会开裂。收获后，将有毒的果肉挖去，剩下的果皮就可以进行加工了。（草本葫芦的果肉可以作为蔬菜食用。）葫芦树的钟形花朵呈浅绿色，在夜间开放，由蝙蝠授粉。葫芦树的花和果实的独特之处在于它们中的一些直接从较粗的树枝和树干上长出来，对于看惯了温带植物的人来说，这种现象可能很奇怪。但是，这种现象在植物学上是一种优势演化，前来授粉的昆虫和蝙蝠等更容易找到直接开在较粗的树枝和树干上的花，从而更容易进行授粉。在这种情况下，长出的果实通常比较大，呈球形，表皮坚硬。葫芦树、可可、南美炮弹树都属于这一类。果实通常落在地面上，在地面上活动的野猪和其他动物将它们打开并散播种子。

尽管葫芦树果肉的毒性太强而不能被人类食用，但可以作为药物治疗发烧等症状。果肉也可以外用，治疗某些皮肤病。但鉴于其毒性很强，使用时需要谨慎。或许用葫芦代替塑料容器更安全一些。

▶ 葫芦树的球形果实。

印 楝

Azadirachta indica

科：楝科

简述：生存能力强，用处大

原产地：印度次大陆和亚洲的其他地区

高度：30 米

潜在寿命：没有记录

气候：干旱的热带和亚热带气候

一般来说，在沙漠中几乎看不到绿色，即使在沙漠中生长的植物看起来也像干枯了一样。在印巴边境的沙漠中，有一种生长茂盛的绿色植物，这意味着它具有非凡的生存能力。这就是印楝。印巴边境的沙漠是印楝的原产地，但这种树的用途广泛，已被很多地方广泛引种，甚至在许多地方已成为不受欢迎的入侵物种。

印楝的特殊习性来自其所含有的化学成分。印楝的叶子含有抗菌化合物，能驱除很多无脊椎动物，如寄生虫和昆虫。近年来，印度等国加大了对有机农业的投入，他们将印楝的叶子磨碎后与水混合制成杀虫剂，在使用时以十天为一个周期。这种物质不会直接杀死害虫，但会抑制害虫的活动，阻止其觅食，从而导致害虫因饥饿而死亡。

通过压榨印楝的果实制取的印楝油在印度的传统医学和民间偏方中有着广泛的用途，可以治疗发烧、疟疾、麻风病、结核病和糖尿病等。此外，印楝油也被用作避孕药，因为它可以抑制受精卵在子宫内着床。如果将印楝油涂抹在皮肤上，则可以缓解某些皮肤炎症。印楝的广泛用途为其赢得了 “乡村药房”和“药用树”等绰号。印楝油甚至连机械的“病”也能治，如可作为印度传统运输工具牛车轮子的润滑油。人们把印楝油称作“印度神油”，科学研究表明它的很多用途都是科学的。例如，印楝油确实可以起到降低血压和缓解胃肠道溃疡的作用。

印楝在印度的许多宗教仪式和庆祝活动中具有重要作用，通常作为食物的一种成分。即使没有宗教活动，印楝的独特风味也值得品尝，特别是对南亚美食感兴趣的人来说。在缅甸，人们将印楝的叶子与酸豆混合在一起，酸豆的酸味可以中和印楝的苦味。有一种树称为调料九里香（*Murraya koenigii*），它的叶子与印楝的叶子极其相似，因此又被称为甜印楝树，常用来制作亚洲著名食材咖喱，给印度菜肴增添了奇特的风味。

鉴于印楝的用途广泛，开发潜力大，很多制药公司一直对这种树保持着浓厚的兴趣。1995 年，一家美国公司申请了一项用印楝制造抗真菌制剂的专利，欧洲专利局予以批准。这让印度的相关团体很气愤，声称这是“生物盗版”行为，外国公司试图从本国的传统文化中获利，并且使印度制造商难以开发类似的产品。他们说服印度政府进行竞争，终于在十年后获得了欧盟的支持。鉴于印楝的用途广泛，未来类似的情况还会出现。

◀ 具有很多用途的印楝的树冠。

桑

Morus alba

科：桑科

简述：具有相当经济价值的落叶阔叶乔木

原产地：中国北方

高度：20 米

潜在寿命：500 岁，可能更长

气候：凉爽至温暖的温带气候

在中国安徽的乡村，一排排像葡萄一样的作物随处可见。但如果仔细观察它们的话，就可以发现这是与葡萄截然不同的物种——桑。桑的种植方法与葡萄类似，也需要按列种植并勤加修剪。人们通过与修剪类似的技术摘取桑叶，使它们产生大量新鲜的嫩叶来养蚕。

在中国，养蚕制丝的技术最早可以追溯到公元前 3500 年，因此桑的种植至少可以追溯到同一时期。随着丝绸的广泛传播，桑蚕产业也传到了很远的地方（蚕的幼虫只以桑叶为食）。英格兰国王詹姆斯一世在 16 世纪后期大力推广桑的种植，试图推动丝绸产业的发展。但桑并不适应不列颠群岛凉爽的夏季气候，因此当地人尝试用黑桑（*M. nigra*）养蚕。尽管蚕也吃黑桑的叶子，但蚕丝的产量很低。因为没有稳定的蚕丝供应，英国只能转向羊毛产业。虽然黑桑在丝绸产业上失败了，但它成为了一种颇受欢迎的花园树种。黑桑紧凑的形状能够充分利用有限的空间，并为周围的环境增添古朴气息。

虽然桑无法很好地适应比其原产地凉爽的气候，但在更炎热一些的地方可以茁壮成长，在热带地区甚至可以常年长出新叶，这对于像印度这样的国家的蚕农来说是一个福音。桑的根系深入土层之中，几乎不会分布在表层土壤中，因此人们可以在它的附近种植其他农作物。这对农户来说非常有利，他们可以将桑与其他作物整合到一起，以提高田地的产量。中国安徽的很多桑田中套种有玉米、土豆等。

蚕不是唯一以桑叶为食的生物，桑叶长期以来也可用作牛饲料。在某些地区，以桑叶作为牛饲料的做法正在推广，并且受到了当地政府的鼓励。但是，不能让牛直接啃食桑树，因为它们需要时间来恢复和生长。因此，一般将桑叶采摘后投喂给牛。个体农户一般选择人工采摘桑叶，大规模农场则选择机械化采摘。

桑的果实桑葚是一种暗红色的水果，类似于黑桑葚，但味道略输黑桑葚一筹。尽管如此，桑的桑葚仍被当地人们视为美食，常常被烘制成桑葚干。桑为雌雄异株，依靠风力传粉。为了将花粉喷射到风中，雄花演化出了一种弹射机制，能以 560 千米 / 小时的速度弹射花粉，速度达声度的一半，这是植物王国中最快的速度。

像其他植物一样，桑在许多文化中也被用在传统医学领域。桑的根皮在亚洲传统医学中特别受欢迎。现代研究表明，它确实具有一定的价值，主要是抗菌作用，可用于预防蛀牙引起的感染。这就是这种树的用处，未来人们可能会发现更多的理由来种植和珍惜它。

◀ 意大利的一座花园中的一棵桑（对页图）及其像覆盆子一样的果实（第 160~161 页图）。

异叶铁杉

Tsuga heterophylla

科：松科

简述：常绿针叶树，是重要的景观树和用材树

原产地：北美西北部太平洋沿岸和山区

高度：80 米

潜在寿命：1500 岁

气候：凉爽的温带气候

异叶铁杉的体量巨大，叶子下垂，总能给人带来震撼。一般针叶树的叶子要么是像冷杉一样坚硬的针叶，要么是像柏树一样的鳞片状，但异叶铁杉完全不同，叶片柔软，富有触感。不仅如此，新芽甚至树梢的嫩叶也都微微低垂。

异叶铁杉这个名字不太恰当。这种树之所以被植物学家认为是铁杉，是因为其叶子的气味容易让人联想到草本的毒芹，后者是曾经毒死了苏格拉底的毒药。但是，草本的铁杉和木本的铁杉树的相似之处也仅限于此。这种树的某些部位可以食用。美洲印第安人有食用树皮以及树皮下面鲜嫩柔软的形成层的传统，特别是在冬季，这些部分可以直接食用或被压成饼状后食用。如今，大概在荒野求生时才有人会以此为食。树皮可以进行鞣制或者用于制作红色染料，叶子可以制成富含维生素 C 的茶叶。

异叶铁杉是美洲西海岸北部地区森林中的三种主要树木之一，另外两种分别是花旗松和西部侧柏。这三种树都能在该地区湿润多雨的气候中茁壮生长，异叶铁杉是该地区所谓的“温带雨林”中的主要物种。在较干燥的环境或土壤中，花旗松更具优势。森林组成的差异与时间有关。生态学家认为，在火灾或暴风雨之后，或者在森林由于某种原因而被夷为平地的情况下，花旗松首先在次生演替过程中成为优势树种，几百年后异叶铁杉逐渐变为优势树种。但是，花旗松幼苗喜阳，而异叶铁杉幼苗喜阴。像欧洲山毛榉一样，异叶铁杉会产生大量的种子，这些种子可以在其母株和其他树木的树荫下萌发并存活数十年。一旦成年树木倒下，阳光照耀下来，异叶铁杉幼苗就会迅速生长（尽管只有少数能活到成年）。这种习性有利于该物种的自然传播。

异叶铁杉的树荫浓密，其根部主要分布在土壤的浅层之中。这意味着在异叶铁杉下面灌木很难生长。这种现象在欧洲的经济林中极其少见。20 世纪的经济林一般都是湿润的生命乐园，而异叶铁杉林地像一片荒漠，树荫下是光秃秃的。

与太平洋东北部地区森林中的花旗松和西部侧柏一样，异叶铁杉是非常重要的木材来源。经过切割后，这种木材的断面整齐，非常适合大批量加工成建筑构件。但是，它缺乏像杉木和雪松那样的树脂以免受到腐蚀。因此，在室外使用时，必须进行防腐处理。美洲印第安人利用这种木材的柔软和细腻的质地，将其雕刻成器皿和装饰品。

如今，异叶铁杉主要用于制造纸浆，这种用途不起眼，但至关重要。正是异叶铁杉满足了人们对新闻、书籍和包装用纸的不断增长的需求。

◀ 异叶铁杉植株（上图）及其针叶（下图）。

柚 木

Tectona grandis

科：唇形科

简述：大型常绿乔木，具有重要的商业价值，其木材用于建造房屋

原产地：印度、印度尼西亚以及东南亚的其他地区

高度：45 米

潜在寿命：1500 岁

气候：湿润或季节性干旱的热带气候

人们将柚木幼苗栽种在黑色的塑料“花盆”中，再将它们装进篮子里，然后小心翼翼地挑着担子跨过崇山峻岭。在泰国北部的商业造林活动中，这种场景很常见。但是，参与造林的当地人并不能从中获益。柚木是世界上最有价值的木材之一，同时也是一种极其成功的经济树种。从殖民时代开始，柚木种植园就大量涌现。相对于其他热带树种，柚木的成活率更高，生长速度更快。

柚木的需求量巨大，木质坚硬，能够产生油脂，起到防水和抗菌作用。从植物学的角度来看，柚木是唇形科植物，与薄荷和牛至同属一科。唇形科植物都会产生复杂的芳香烃类化合物，具有独特的气味，可以说柚木是树型薄荷。人们对该科植物进行了一系列深入的研究。

柚木抵抗洪水的能力突出，在不同的湿度下体积保持恒定，不会收缩或膨胀，因此柚木是造船的优良材料。东南亚（得天独厚的地理条件决定了水运是此地文化的重要组成部分）的渔民最早用柚木造船。欧洲人也很快发现了柚木的这一优点，并对该地区的柚木进行砍伐。在金属船和玻璃纤维船盛行的今天，柚木仍被广泛用于制造甲板。经过一段时间后，柚木甲板中年轮较宽的部分首先受到磨损，年轮较窄、质地致密的部分则依然保持完好，从而使柚木甲板形成了一种有效的防滑面。

柚木也是建造房屋和制造户外家具的首选木材。东南亚地区的很多传统房屋都是用柚木建造的。随着树龄增长，柚木将从红棕色变成美丽的银灰色。印度尼西亚种植了很多柚木，消费者对柚木家具木材产地的关注促使林业部门建立了品牌认证体系，这标志着林业发展的系统化。1993 年成立之后，林业管理委员会逐渐成为木材加工工业中环境和社会标准执行情况的监督者。柚木产品上的徽标表明该品牌的柚木家具是用符合林业管理委员会的要求、充分考虑了当地人的经济利益与生态效益的人工种植的柚木制成的。

柚木种子的发芽率极高，但需要交替在润湿和干燥的条件下培育数天。经过挑选之后，优质的柚木幼苗仅需约 40 年就可以成材。柚木的传统种植方式较为粗放，但随着柚木需求量的不断增加，选择优质木材产地和改良柚木品种的重要性日益得到认可。柚木为未来热带雨林的可持续开发带来了希望，并为今后人与自然的和谐共处指明了方向。

◀ 年轻的柚木（左图）、树叶（右上图）和树皮（右下图）。

北美乔柏

Thuja plicata

科：柏科

简述：常绿针叶树，在景观和木材贸易中发挥着重要作用

原产地：北美西北部太平洋沿岸和山区

高度：70 米

潜在寿命：1500 岁

气候：凉爽的温带气候

北美乔柏，俗称西部侧柏，它的树脂具有独特的气味，木材呈红色，常加工成长条状。西部侧柏是温带树种中最重要的一种，特别适合建造房屋。西部侧柏与雪松并非同一物种，二者在外观和木材质量方面都有很大的差异。雪松是地中海地区的一种针叶树，其木材稀有、昂贵，而作为木材贸易中的主要产品的西部侧柏则比较便宜。西部侧柏的优势在于其价格低，重量轻，抗拉强度高，经久耐用。

独特的气味象征着西部侧柏的独特品质。成年后的西部侧柏会产生一种名为黄柏素的化学物质，这种物质具有杀菌作用，在树木砍伐后的一个多世纪里依然可以保持活性，从而极大地延长了木材的使用寿命。西部侧柏能够产生黄柏素的主要原因可能是为了适应原产地过于潮湿的气候，以免被腐蚀。确实，太平洋东北部的某些地区，特别是加拿大的不列颠哥伦比亚省以北的地区的气候非常潮湿，被称为“温带雨林”。潮湿的气候导致树木易于腐烂，但反过来对植物的生长也非常有利。同时，潮湿的气候还可以有效减少森林火灾。因此，林业是这个地区的支柱产业。

西部侧柏不仅能够杀灭自身的真菌，还能帮助其他树木应对真菌的侵扰。研究表明，在容易感染真菌的树种中混种西部侧柏，可以有效减小真菌病害对整个林地造成的损失。

美洲西海岸的印第安人曾广泛使用西部侧柏。考古学家在此地发现了一系列用西部侧柏、鹿角、兽骨以及金属（可能是在早期与生活在亚洲的人们交换得到的）制作的木工工具。印第安人利用西部侧柏建造房屋和公共建筑，挖空整根原木制作独木舟，雕刻著名的手工艺品图腾柱。在工业化之前，伐树是个大工程，需要大量的人力和有序的指挥。首先要举办仪式安抚树（印第安人认为树木有灵魂），然后交替采用燃烧和砍伐的方式将树干砍倒。砍倒后，还需要花费不少功夫将树干切割成可用的长度。科学家研究了保存在沼泽中的花粉，认为印第安人千百年来的活动对林地物种的组成产生了相当大的影响，这主要是由优先砍伐西部侧柏导致的。

西部侧柏的树皮柔软且密实（你可以去植物园中证实这一点）。这种特质对于印第安人来说非常有用，树皮可以用来制造绳子和纺织品。人们可以从砍倒的西部侧柏树干上剥取树皮，也可以从活着的西部侧柏树干上采集树皮，但是一棵西部侧柏只能采集

◀ 西部侧柏笔直的树干，深受木材加工行业的青睐。

一次，否则就会死亡。印第安人使用的垫子、篮子、帽子和许多其他生活用品都是用西部侧柏的树皮制成的。经过适当的处理，这种树皮甚至可以用来制作衣服和毯子。与印第安人的其他手工艺品一样，用西部侧柏的树皮制造的物品也颇受欢迎，但很昂贵。著名的“家政女王”玛莎·斯图尔特在她的电视节目中介绍具有印第安风格的手工编织树皮袋，这无疑表明这一热潮的到来。

来自欧洲的移民到达美洲西海岸后，伐木活动达到了新的高潮。与花旗松类似，西部侧柏的再生能力极强，因此近现代林业在很大程度上还是可持续的。移民很喜欢西部侧柏木材的耐用性，常用这种木材制造箱子。用这种箱子保存的一些物品经过十几年也不会腐烂变质。这种木材也常用于制作蜂箱，但这时其杀菌作用就显得有些画蛇添足了。这种木材最广泛的用途是制造带状木瓦，这种瓦在美国乡

▲▶ 华盛顿森林中的一片古老的西部侧柏（上图）及其叶子（对页图）。

村地区很常见，可以用来替代屋顶的瓦片。

西部侧柏的木材经久耐用，木结少，可以加工成细长的板材，非常适合作为建筑物屋顶的覆盖物。近年来，建筑业兴起了木质墙面的潮流，其中大部分是用西部侧柏建造的，而传统的木瓦也正在复兴。西部侧柏的防腐性能优良，可以与土壤长期接触，这意味着它可以用于制造立柱。

西部侧柏具有巨大的商业价值，尤其适合用在户外，因此被大量出口到欧洲和日本。与其他具有经济价值的植物一样，优良的西部侧柏品种深受人们的重视。另外，还要避免西部侧柏幼苗被鹿啃食。例如，提高叶子中的树脂含量，将使鹿无法采食或消化。耐寒性和耐旱性也是西部侧柏的重要特征。对西部侧柏抗菌性能的遗传学研究是这个树种商业开发的重点。目前看来，西方侧柏拥有光明的未来。

橡胶树

Hevea brasiliensis

科：大戟科

简述：中型常绿乔木，重要的工业原料

原产地：亚马孙盆地

高度：30 米

潜在寿命：超过 100 岁

气候：湿润的热带气候

漫山遍野都是成排成行的树，每一棵的树干都朝着同一个方向弯曲，看起来十分奇怪，与一般意义上的经济林相去甚远。如果仔细观察，就会发现每棵树的下半部分都绑着一个小桶，小桶上面的树干上有几道口子。这是橡胶种植园中的常见景象。作为最优秀的经济树种之一，橡胶树的种植与培育得到了当地政府的大力鼓励和支持。

橡胶树属于大戟科。该科植物上出现切口时会流出具有刺鼻气味的、浓稠的乳白色汁液，这是该科植物为了防止被啃食而演化出的防御机制。橡胶树将这种防御机制发挥到了极致，其产生的乳胶经干燥后具有出色的物理性能。在橡胶树的原产地，当地人曾用橡胶制作球和其他玩具。18 世纪中叶，法国科学家发现了橡胶的非凡性能，橡胶的潜力才得到了发挥。但是，天然橡胶并不是很耐用。1839 年硫化工艺发明之后，橡胶才逐渐得到了推广。起初，巴西是橡胶的主要生产国，因为橡胶是巴西的特产，巴西政府严禁橡胶树的种子外传。英国人于 1877 年成功地窃取到了橡胶树的种子，并将其秘密运回伦敦交给了英国皇家植物园。该植物园负责为英国培育各种植物。

在巴西之外的国家得到了橡胶树的种子之后，橡胶树的种植普及全球，橡胶成为了很多地区的经济命脉。橡胶树的原产地巴西也有了巨大的发展，马瑙斯原本只是热带雨林中的一个偏远哨所，几乎在一夜之间就变成了一座繁荣的小镇，甚至还修建了一座歌剧院。成千上万的原住民被迫变为农奴进入橡胶种植园中劳作，因艰苦的劳动而死亡的人不计其数。1928 年，美国资本家亨利·福特以巴西为据点创立了福特兰迪亚公司，为制造汽车轮胎大规模生产橡胶，橡胶的生产规模进一步扩大。虽然巴西是橡胶树的原产地，但这里的橡胶树受到的虫害也最严重，橡胶种植园的产量因受到虫害的影响而大幅降低，反而是巴西以外的热带地区由于没有天敌的存在而更适合种植橡胶树。

时至今日，全球仍有约 40% 的橡胶是由橡胶树生产的，其余的来自石油化工产业。平均每棵橡胶树可持续生产橡胶约 30 年，随后就会因产量下降而被砍伐。被砍伐的橡胶树的木材也是一种优质资源。橡胶加工是技术密集型和劳动密集型行业。首先需要在橡胶树的一侧切开一个口子，然后逐渐向上开口，每天采集一次乳胶。大约五年后，在树的另一侧切口，以便让原来的切口愈合。在早期，橡胶主要是通过人工生产的。对于小农经济而言，橡胶树是一种优良的作物。这种种植模式对社会和环境都要友好得多。例如，印度喀拉拉邦的小规模橡胶种植园每公顷每年橡胶的产量高达 2 吨。天然橡胶产品的未来仍然是美好的。橡胶种植园的生物多样性比许多其他热带作物种植园更高，因此橡胶树的推广种植是一件值得庆贺的事情。

▶ 一棵橡胶树（左图）、切开的树皮（收集胶乳，右上图），以及叶子的前端（右下图）。

糖　枫

Acer saccharum

科：槭树科

简述：大型落叶树，具有食用、商业和文化价值

原产地：加拿大东南部和美国东北部

高度：35 米

潜在寿命：500 岁

气候：凉爽的温带大陆性气候

薄饼蘸枫糖浆对北美人来说只是一种日常食物，但对其他地方的人来说是一种美味佳肴。去过加拿大或美国的人知道，枫糖浆是必不可少的、贵重的伴手礼。但是这种糖浆很重，如果携带的量太多，一旦在旅途中发生泄漏，后果就不堪设想，所以带多少回去是一种“甜蜜的烦恼”。

每逢春天到来，很多树木会将富含糖分的汁液从根部向上输送。在糖枫中，这一输送过程格外明显，采集树汁对树木本身没有明显的影响。随着天气变暖，储存在根部和树干中的淀粉会转变成糖分，然后转移到正在生长的芽中。冬季天气越寒冷，开春时糖枫产生的糖分就越多。印第安人很早就发现只需在树的一侧开一道浅浅的口子，就可以使富含糖分的汁液流出来并收集到桶里。这种树汁甘甜爽口，将其煮沸蒸发掉水分后，就可以得到枫糖浆。印第安人和早期的移民经常使用一种更简单的方法，利用寒冷的夜晚使树汁结冰，次日丢弃上层的冰，将下面的树汁煮沸蒸发掉水分，平均每 40 升树汁就可以提取大约 1 升枫糖浆。

在美国西部，枫糖浆曾是人们所需要的糖分的主要来源，但从 19 世纪起，蔗糖开始逐渐取代枫糖浆的位置。最终，枫糖浆变成了一种奢侈品。19 世纪中叶，反奴隶制运动推动了枫糖浆的生产，以替代由奴隶劳动生产的蔗糖。在第二次世界大战期间，糖类的配给再次使枫糖浆成为日常生活的必需品。现代科学技术的发展不仅大大提高了树汁采集和糖浆加工的效率，还有效减少了细菌污染和风味的损失。

枫糖浆的味道非常独特，几乎无法人工合成，这主要是由于其中所含的化学物质非常独特。最新的研究发现，枫糖浆中含有 30 多种化合物。目前，枫糖浆的生产已成为加拿大魁北克地区的主要产业，其产量约占全球产量的四分之三。加拿大国旗上的红枫叶不是糖枫的叶子，而是综合了多种枫叶的特征，以歌颂这个在加拿大人的生活中具有极其重要的地位的物种。

种植糖枫绝对不是致富的捷径，因为糖枫的树龄要到 30 岁以上才能生产枫糖浆。此后，每年可以持续采集四到八周，每天的产量为 12 升左右，一般可以持续产出一个世纪左右。糖枫不仅可以生产枫糖浆，树龄过大而不能生产枫糖浆的树木还可以提供木材。枫木是整个北美地区硬度最大、质量最高的木材之一，是制造地板（木材纹理非常漂亮）、棒球棍、

▶ 糖枫叶子的颜色在秋季开始变换。

台球杆、滑板等的理想选择。枫木还具有足够的韧性，可以制成弓箭，也可以制成弦乐器，例如小提琴、大提琴等。

每逢秋高气爽，糖枫都会给美洲东海岸森林色彩的变化献上自己浓墨重彩的一笔。在通常情况下，纬度越高，枫叶的颜色越好看。枫叶通常会变成黄色、橙色或红色，并且每年都按照一定的顺序变换颜色。世界各地的游客蜂拥而至，欣赏整个山坡上变幻的色彩。在夕阳的映衬下，红叶熠熠生辉，与老式的新英格兰乡村一起构成了一幅绝佳的秋景图。

糖枫属于生态系统演替过程中的建群种，其树荫和密集的表层根系能够有效遏制其他植物在其周围生长，而深层根系会进一步深入地下吸收水分。像其他一些优势种一样，糖枫的幼苗相对耐阴，在林下积蓄力量，直到暴风雨或者其他因素使森林上层树冠损坏有阳光照射下来时才能快速生长。糖枫是北美少数能够在生态系统中单独成林的树种之一，但在大多数情况下，它通常与其他树木一起生长。如果是在较干燥的地方，糖枫通常和橡树、美洲椴（*Tilia americana*）一起生长；如果是在潮湿的地方，糖枫则和榆木、欧梣、红枫（红槭）等一起生长。尽管糖枫喜欢厚实肥沃的土壤，但是除了非常细的沙质土壤和过于干燥的土壤之外，它在任何地方都能茁壮生长。其他树种因受到糖枫表层根系的影响而很难生存，但随着时间的流逝，树下会形成一层厚厚的腐殖质土壤，为根系较浅、春天开花的植物（如延龄草等）提供理想的栖息地。这些植物的寿命通常只有几个月。在美洲的春天，林地中能否开满缤纷的野花取决于这里生长的树木。

糖枫能够抑制本地树木的生长，但对外来物种（如挪威枫，*A. platanus*）无能为力。我们必须感谢糖枫，没有它们就没有美味的枫糖浆。

◀ 糖枫叶子的颜色丰富。

黑　檀

***Diospyros* species**

科： 柿科

简述： 中型常绿乔木，木材珍贵

原产地： 黑檀的原产地为印度南部、斯里兰卡和印度尼西亚，非洲有其他种类分布

高度： 25 米

潜在寿命： 未知

气候： 温暖到凉爽的温带气候

“木雕，货真价实的黑檀木雕！”路边的小贩大声吆喝着，手里不停地挥舞着一件黑色的大象木雕，他身后的货架上也是清一色的大象木雕。这里是西非加纳的海岸，来此进行（多为非裔美国人）寻“根”之旅的游客此刻正从公交车上下来四处遛达，他们拿起木雕仔细把玩，讨论着它们是不是用黑檀木制作的。一个人认为不是，他以小贩听到的音量断言：“这不过是在普通的木头上涂了一层鞋油罢了。”

黑檀木是世界上最珍贵的木材的代名词之一，如今已非常稀有。与木材交易市场上常见的木材不同，黑檀木的价值堪比贵重的珠宝。然而，它所属的柿属植物非常常见，包含大约 700 种。“黑檀木”一词本身就是模棱两可的，通常指较为高贵的木材，而不是某个单一的物种。此外，这个词还与非洲紧密地联系在了一起，产生了一种全新的含义。

“黑檀木”一词来自古埃及语，目前的考古证据表明古埃及人在历史上首先使用黑檀木（也许是因为埃及的干燥空气使黑檀木比在其他地方更容易保存）。黑檀木的密度极大，甚至不能浮在水上，因此雕刻难度极大。埃及人在黑檀木的上面雕刻了复杂的象形文字。当时的黑檀木是主要来自如今的厄立特里亚、埃塞俄比亚和苏丹等地的非洲乌木（*Diospyros mespiliformis*）。除此之外，还有一个性状与前者几乎完全相同的物种乌木黄檀（*Dalbergia melanoxylon*）。

乌木（*Diospyros ebenum*）是亚洲物种，自近代以来，它一直是黑檀木的几个主要物种之一。印度尼西亚的苏拉威西乌木（*D. celebica*）和毛利求斯乌木（*D. tesselaria*）是与非洲乌木相似的两个种，也遭到了大规模的破坏性砍伐。

黑檀木一直凭借其颜色、质地以及耐用性而备受推崇。从 16 世纪开始，在欧洲进口的木材中，黑檀木雕和浅浮雕家具备受推崇。当时，黑檀木几乎成为了高端家具的代名词。黑檀木的颜色使其成为了制造钢琴琴键和国际象棋棋子的理想材料，而象牙曾用于制造钢琴的白色琴键。黑檀木的硬度使其非常适合制造需要承受极大压力的物件，如手枪的手柄以及乐器的关键部件（指板、栓钉和拨子等）。如今，黑檀木多用于制造乐器等，毕竟价格很高。

◀ 黑檀及其果实（与柿子有关）。

吉　贝

Ceiba pentandra

科：锦葵科

简述：大型半常绿乔木，具有重要的象征意义

原产地：墨西哥至南美北部，西非的部分地区

高度：70 米

潜在寿命：未知

气候：湿润或季节性干旱的热带气候

舞者们正围着一棵树翩翩起舞，这棵树的模样非常奇特，巨大的轮生侧枝将光滑的树干包裹了起来。男人们身着朴素的白色棉质披风，女人们也穿着类似的服装，颈上戴着色彩艳丽的花环。他们正在举行一种仪式，显然这种仪式与树有关。这种树就是吉贝，这一地区的玛雅人和其他原住民将其称为“ceiba”，意思是“世界树”。

吉贝高大挺直，具有巨大的轮生侧枝，无愧于其“世界树”的形象。在尤卡坦地区，当地其他树的体量基本上都没有超过吉贝。在中美洲，吉贝可能出现在村庄的中心、植物园和公园等地方。吉贝一般在旱季开花，带有大量雄蕊的花直接开在光秃秃的树枝上，非常引人注目。吉贝的叶子看起来十分漂亮，即使叶片很少的树苗看起来也非常漂亮。漂亮的外观和较高的经济价值推动了吉贝在热带地区广泛传播，但是西非的吉贝林并不是人为引入的。吉贝的种子十分轻盈，在风力的吹拂下，甚至可以从南美横跨大西洋来到遥远的非洲。

吉贝种子的周围长有长长的纤维，这样有助于吉贝种子借助风力传播。这些纤维不仅轻巧，浮力强，而且具有防水性能，在过去曾用于制造床垫、靠垫、枕头，以及作为救生衣的填充物等，其质量是棉花的八分之一，而浮力是软木的五倍。与许多填充材料不同，它不会因使用时间过长而结块，在清洗后仍能保持疏松状态。这对填充类的毛绒玩具来说至关重要。在某些地区，吉贝床垫至今仍是主流，尽管它们在工业化国家中已不再使用。但是，吉贝纤维非常光滑，因此很难使用，而且会分解产生灰尘，可能使人感到窒息。吉贝高度易燃，可以用作助燃剂。此外，吉贝种子的油脂可以用于烹饪。

由于现在吉贝纤维在西方国家中很少见，所以一般只有去南美等地旅游的人才对这种树略知一二。巨大的轮生侧枝和尖刺会给初来乍到的游客留下深刻的印象。实际上，吉贝生长在非常浅的土壤中，轮生侧枝的作用主要是防止树木倾倒，特别是在飓风等恶劣的气象条件下。

▶ 一棵有支撑根的吉贝。

第5章 食物

进入一家超市，琳琅满目的水果和蔬菜会立刻映入你的眼帘，其中最引人注目的是杧果、苹果和橙子等几种颜色鲜艳、味美多汁且营养丰富的果实。东南亚和中国的消费者能在这些超市的通道中发现枣，甚至一些包装非常仔细的榴梿。水果被广泛认为是健康饮食的必需品。近年来，越来越多的科学家建议每人每天应食用五份水果和蔬菜，如果你愿意，可以多吃一些水果。不用多说，我们大多数人无须鼓励就会去咬一口脆脆的苹果或多汁的杏，因为它们非常美味。然而，在几乎整个人类历史上，新鲜水果一直是一种季节性的奢侈品，或者说是富人的食物。只有现代农业、运输和仓储才能使普通人如此广泛地获取廉价的新鲜水果。

坚果则略有不同，因为它们可以保存数月甚至数年，并且是自然界中最好的蛋白质来源之一。杏仁、核桃和山核桃曾在狩猎采集民族的生活中发挥重要作用，但它们在现代人饮食中的作用已大大减小。在西方，枣被视为一种奢侈品，但对于中东地区的人们来说，它是日常饮食的一部分。以前，枣对游牧民族来说是必不可少的食物。像枣这样的水果晒干后便于运输，因此它们通常是人们在其产地之外遇到的仅有的非本地水果。一些水果（如椰子）在生活于其产地的人们的饮食中发挥着重要作用，但在其他地方只是一种普通的水果。在过去，橄榄（包括水果橄榄和油橄榄）也与此相似，对于其产地的人们来说是一种必需品，而在其他地区是一种奢侈品。近年来，全球化和公众日益增强的健康意识使橄榄和橄榄油引起了越来越多的关注。

树木所生产的一些产品在我们的饮食中扮演着很小的角色，但是如果它们消失了，我们就会非常想念它们，比如来自丁子香树的香料、来自棕榈树的糖和酒精饮料。相反，现在没有多少人会为长角豆树的消失而悲伤。相比之下，可可减产会被数百万人视为一场灾难，尽管可可树容易患多种疾病。

迄今为止，提供主食的树木相对较少，因为没有多少人仅依赖一种树木来获取所需的大部分热量。如果我们回顾古代，就会发现一些祖先曾依赖树木获取食物，例如甜栗对他们的生存来说至关重要。对于美国加利福尼亚的印第安人来说，山谷白栎也是如此，因为它的果实是他们的主要食物来源。再往南几千千米，智利南洋杉受到了高度重视，因为土著部落曾经依赖它的坚果生活。最后，石松的种子曾是一些人饮食的一部分，而现在成为了美味佳肴甚至奢侈品。

◀ 苹果品种“卡罗琳女王”。

董 棕

Caryota urens

科：棕榈科

简述：具有重大经济和烹饪价值的棕榈树种

原产地：印度次大陆的热带地区

高度：12 米

潜在寿命：该科大多数物种的寿命约为 25 岁

气候：热带、亚热带和暖温带气候

印度南部的喀拉拉邦为酒类销售制定了严格的法律，啤酒和葡萄酒只能由拥有许可证的餐厅出售，尽管许多其他场所将酒精作为“特殊的茶”装在茶壶中，供客人用杯子饮用。对于最贫穷的人来说，有一个更便宜的选择——国家许可的“托迪酒吧”。这种酒吧开在由混凝土筑成的简陋房屋里，屋顶由波纹铁皮制成，铁条经过墙壁的缝隙，穿过窗户。托迪酒是一种棕榈酒，由董棕的汁液酿造而成。几千年来，这种易于制造的简陋饮品出现在印度和东南亚的大部分地区。非洲人会饮用由其他种类的棕榈树汁酿造的类似于啤酒的饮品。粗犷而带有酵母味道的托迪酒可能会让粗心的西方游客立即醉倒，在接下来的 24 小时内还会产生更多的不良影响。

如果董棕的花被剪掉，它的茎就会渗出大量的甜白色汁液——可以将其收集在容器中，以后再使用。如果不发酵，甜汁可以作为令人愉悦的饮品或用于烹饪。如果不加干涉，它就会迅速发酵（加入石灰可以阻止其发酵），在几小时内酒精含量就与啤酒相当。让它发酵一天，酒精含量将与葡萄酒相当。再继续下去，它就会变酸，变成醋。凭借极强的发酵能力，董棕的汁液可用于制作食品。在喀拉拉邦，人们将它与米粉（有时是磨碎的椰肉）混合制成一种发酵的面团状物质，蒸熟后可以作为碳水化合物食用，称之为 *appam*。如果与椰子风味的咖喱和辣乎乎的酸辣酱一起食用，这种食物吃起来很美味。发酵后的董棕汁液也可以被蒸馏成一种烈性酒，通常被称为 *arrak*。在印度各地（酒精的合法销售受到限制），家庭生产的烈性酒偶尔会酿成悲剧，因为经验不足的酿酒师一不小心就会使这种酒受到甲醇的污染。

可以将未发酵的新鲜董棕汁液煮沸，使其中含有的糖分结晶，从而保留董棕汁液的甜味。用这种方式生产的粗糖称为棕榈糖，这是印度人获取糖的传统方式。棕榈糖具有独特的风味，可用于制作许多甜食和饮料，如糖浆或焦糖。现在很容易在发达国家的超市中找到棕榈糖，它开始出现在世界各地的食谱中。董棕实际上是一种相当壮观的树木，独特的叶子使其从其他棕榈树中脱颖而出。它的叶子不像枣椰树的长羽状叶子那样呈扇形，而是分成多个边缘呈锯齿状的小叶。“鱼尾”这个常见的英文名称对于棕榈来说并不是特别准确，但它确实给出了一些提示。每片小叶的宽度和长度均约为 30 厘米，这些小叶一起形成长达 3.5 米的叶子。这种植物的大量出现通常意味着一片森林已经遭到砍伐，因为它们是树木被砍伐后出现的先锋物种之一。

像大多数先锋物种一样，董棕的寿命很短。与某些棕榈一样，它们完全不像真正的树。它们是植物学家所说的“一次结果树”——一次开花结实后就会死亡。当每个叶节点长出一个巨大的芽苞时，董棕就会开花。这个芽苞最终会变成一个 3 米长的花穗（由数百个单独的小花组成）。像许多棕榈一样，董棕的结构与其他植物完全不同。它的解剖结构的每一部分都是如此巨大、坚韧，其大小和表面纹理都很罕见。对于来自温带地区的游客来说，董棕具有一种神奇的魅力。

▲ 董棕的叶子和习性赋予了其独特的外观。

扁　桃

Prunus dulcis

科： 蔷薇科

简述： 落叶乔木，专为获取坚果种植，其花朵具有很高的观赏价值

高度： 10 米

原产地： 从地中海地区东部到巴基斯坦

潜在寿命： 100 岁，商业寿命只有 25 岁

气候： 地中海气候、暖温带气候

杂货店的一整条通道已经被清理干净，以便为圣诞节货品让路。除了饼干，这里还将摆上巧克力和肉馅馅饼，还有扁桃、核桃、巴西坚果和榛子等坚果。是的，坚果是带壳的。在许多国家中，过圣诞节的仪式之一是用餐结束后一家人围坐在餐桌旁（如果家里有火炉，则可能围着火炉坐）剥坚果吃。这种仪式似乎可以追溯到狩猎采集时代一家人为了生存而围坐在一起剥坚果吃的日子。在工业化的西方，坚果几乎是一种奢侈品，只是人们饮食的一小部分。在其他文化中，它们仍然发挥着重要作用。坚果不仅对环境来说具有可持续性，而且蛋白质含量高。另外，大多数生产坚果的树木很容易种植。

在坚果中，扁桃是用途最广的一种。新鲜的扁桃味道鲜美，很容易磨碎，或者与扁桃油和糖混合制成扁桃糖。这是儿童最喜欢的一种甜食，像橡皮泥一样容易加工，也很容易用食用色素着色。在地中海地区、中东和中国，许许多多糕点和糖果都含有扁桃粉。扁桃的一种相对较新的用途是制作扁桃奶，这是一种将磨碎的扁桃放入水中制成的悬浊液，可以作为对乳糖过敏的人士的牛奶替代品。扁桃还可以用于制作扁桃黄油，相当于花生酱。对于对麸质过敏的人来说，扁桃粉也是一种很好的面粉替代品。

人们通常食用的扁桃与野生扁桃有很大的不同，后者含有少量的氰化氢，具有强烈的苦味。在野外，偶尔会发现没有苦味和毒素的变异扁桃树，人工栽培的扁桃树都是过去从中挑选出来的。扁桃的栽种历史很悠久，可能有 5000 年了。与橄榄一样，扁桃也是地中海地区的人们的食物之一。在那里，扁桃林覆盖了许多山坡，它们的树冠在夏天是一种不起眼的绿色，但在冬天结束时会绽放一团团粉红色的花朵。这种树木通过贸易路线进入中亚，在那里它们被证明非常有生产力，然后从那里传播到中国。

迄今为止最大的扁桃出产地是美国加利福尼亚州。生产坚果需要蜜蜂为花朵传粉，但加利福尼亚的扁桃园是一种单一种植园，在短暂的花期过后，蜜蜂几乎没有什么可吃了。在花期结束时，蜂箱被运送到数百千米外的地方。抵达目的地后，蜜蜂将开始为下一批农作物传粉，可能是苹果、梨或蔓越莓。

与所有农作物一样，扁桃也有许多不同的品种，但在杂货店购买玻璃纸袋的西方消费者无法知道这一点。来到中东的游客很快就会发现，各种扁桃的外观和味道的差别很大，价格的差别也很大。在中亚和巴基斯坦的大部分地区的传统中，人们会为精心挑选的生坚果和干果搭配上咖啡或茶。不过，优良的品质很重要，主人永远不会考虑向客人提供品质不高的生坚果和水果，以免冒犯他们。

▶ 扁桃先开花后长叶（对页图），这些花是蜜蜂早期获取花蜜的重要来源（第 186~187 页图）。

欧 洲 栗

Castanea sativa

科：壳斗科

简述：一种被广泛栽培的落叶乔木，具有很大的经济和食用价值

原产地：从南欧到土耳其均有零散分布，长期作为英格兰南部和法国北部引种的树种

高度：45 米

潜在寿命：几个世纪，可能超过 1000 岁

气候：寒冷气候

意大利北部的许多丘陵地带都被茂密的林地所覆盖。走进去之后，你会发现这不是普通的森林。这些树几乎都属于同一个树种——欧洲栗，它们似乎在过去的某个时候遭到了砍伐，然后重新生长出来。这种类型的森林称为矮林。作为一种传统的景观树种，欧洲栗在欧洲和亚洲的部分地区曾经非常常见。欧洲栗是出类拔萃的矮林树种。至少 2000 年来，人们一直将它作为一种经济作物种植，结果形成了茂密的栗树林。

今天，我们倾向于认为栗子是一种出现在圣诞食谱中的软坚果，人们在寒冷的冬日将其制成糖渍栗子或在热炭上烘烤。用手指试探性地剥去栗子的外壳，可以获得里面的果肉。我们也许会将它与完全不相关且不可食用的欧洲七叶树（*Aesculus hippocastaneum*）混淆。在欧洲的大部分地区，栗树是木材的主要来源。

大多数阔叶树在被砍伐后会再生，但再生的方式不同。大多数树会长出一些枝条，其中一两根枝条会支配其他的枝条，长成树干。不相同的是，榛树和欧洲栗会长出许多笔直的新芽。几年后，可以将这些芽移栽到其他地方，树桩则会长出更多的芽。这个过程可以持续几个世纪，树桩（实际上可以称为“凳子”）稳步增长，变得越来越大，生产力也越来越高。至少从罗马时代开始，欧洲栗就以这种方式在南欧和西欧得到种植，被用作杆材和木柴。随着 18 世纪后期北欧和中欧半工业化酿酒业的发展，栗子大受欢迎，因为人们需要长杆来支撑啤酒花的生长。欧洲栗矮林是木桩的来源之一，木桩被劈开后用于制作围栏。与锯割相比，砍劈的优势在于能将木材沿天然纹理分开，形成相对不透水的表面，非常耐腐蚀。高单宁含量进一步防止了这种木材腐烂。欧洲栗栅栏可以使用几十年。

在传统的管理方式中，每隔 20~30 年对欧洲栗进行一次砍伐，砍伐后的地方会形成一种独特的植物群落，这种植物群落以能够适应不断变化的光照水平的物种为主。在英格兰南部，蓝铃花（*Hyacinthoides nonscripta*）会在欧洲栗砍伐后的几年内形成壮观的群落，此时光照水平最高。在意大利的部分地区，一种粉红色的仙客来（*Cyclamen hederifolium*）也占据类似的生态位，它在秋天开花。20 世纪后期，欧洲栗的使用量大幅下降，许多树木过度生长，将地

◀ 一棵成熟的欧洲栗，可能曾经被修剪过。

面严实地遮盖起来，其他植物几乎无法生长。然而，这种情况即将改变，因为欧洲栗的热值高，容易碎裂，能成为生物质燃料的理想选择。欧洲栗可能会在未来成为燃料的来源。

住在欧洲栗附近的人都熟悉栗子，其外壳上密密麻麻地布满了尖刺。这些果实是欧洲广泛种植欧洲栗的另一个因素。今天，我们可以将栗子作为美味佳肴或传统美食的一种成分，这主要是因为它的碳水化合物含量高，而脂肪和蛋白质的含量非常低，符合低胆固醇饮食要求。在几代人以前，栗子被认为是穷人吃的食物。

罗马人在欧洲无法种植谷物的地区栽种欧洲栗，尤其是在高海拔地区。随着马铃薯和玉米（其营养成分大致相似）的引入，栗子的重要性降低了。这些能提供新的碳水化合物的农作物更有生产力，更容易种植，并且作为食物更通用。直到 19 世纪，一些边远地区仍以栗子为主食，但其他地区的人们只是用栗子来喂养动物，因此栗子的名声不佳。栗子粥和用栗子制作的无酵饼可能是罗马军团的食物，但对于从 18 世纪发展起来的更复杂的口味来说，这

▲▶ 欧洲栗成熟的果实（左上图）、叶子（右上图）和独特的树皮（对页图）。

些食物并不是很开胃。今天经典的糖炒栗子和用栗子制作的素食圣诞晚餐终于恢复了栗子在烹饪方面的声誉。人们对农林业日益增长的兴趣可能有助于将更多的欧洲栗带回到经济生产中。

作为一种树，欧洲栗很有吸引力，并且经常被栽种。这种树的一个特征是树皮上有独特的螺旋形图案。非常古老的欧洲栗在欧洲有着广泛的分布，土地所有者经常将它们作为样本树栽种，而不是为了获取它们的经济价值。英格兰赫里福德郡克罗夫特城堡有一条长达 1 千米的无敌舰队栗树大道，其景观特别优美。据说这些树是用从西班牙的无敌舰队残骸中打捞出来的坚果培育的，菲利普二世在 1588 年企图派遣该舰队入侵英格兰。修枝能延长这些树的寿命，它们现在非常粗壮，树皮像脂肪层一样厚实。然而，与西西里的埃特纳火山山坡上的一棵著名的栗树相比，这些树还只是青少年。那棵树无疑是世界上最古老的欧栗树，但关于它的具体年龄存在很大争议，一位植物学家声称它有 4000 年的历史。18 世纪后期，它的树围长达 58 米，成为有史以来最粗的树，但此后它的树干分裂成几部分。欧洲栗可能是比人类活得更久的物种。它是树木被砍伐后出现的先锋物种之一。

苹 果

Malus domestica

科：蔷薇科

简述：具有巨大经济价值的落叶果树

原产地：中亚、哈萨克斯坦和吉尔吉斯斯坦边境地区

高度：4.5 米

潜在寿命：100 岁

气候：适应性很强，尤其适应凉爽的大陆性气候

长长的桌子上摆满了纸盘，每个盘子里放着三个苹果，前面贴着标有品种名称的标签，而且至少需要 60 个这样的盘子。这一场景在每年 10 月举办的“苹果周”活动中越来越常见，果园所有者和保护组织的成员齐聚一堂，宣传苹果中蕴藏的丰富文化。无论是在美国、英国、德国还是在法国，每个人似乎都比以往任何时候更加了解古老的水果和蔬菜品种的多样性。商店通常只提供有限的种类，因此非商业品种的种植和分享正在以很高的热情进行着。

已知的苹果品种至少有 7500 个，大约有 100 种是商业种植的，但其中只有一小部分可以供人们定期购买。人们经常抱怨苹果树多样性的丧失，但不可否认的事实是在所有的老品种中，真正值得种植的数量非常有限。大多数老品种并不好吃，而且许多品种不能很好地得以保存或很容易发生病虫害。许多人被老品种的名字所吸引，如“黑达比内特”“皮特马斯顿菠萝”“德文郡的公平女仆”“猫头”“哈利大师”“泽西萨默塞特”“十诫”等。

老品种的多样性说明了苹果对我们的祖先来说是多么重要的水果。苹果在今天仍然非常重要。截至目前，全球苹果年产量超过 7000 万吨。与许多果树相比，苹果树很强壮，而且果实成熟的时间变化很大。在北欧，从夏末到深秋，不同品种陆续成熟。如果储存得好，有些可以保存到晚春。香甜的品种可以直接从树上摘下来食用，较酸的品种可以经烹饪加工后食用，又苦又甜的品种发酵后可以制成苹果酒。苹果的食用方式比其他水果要多得多。

为什么苹果的品种如此繁多？在几十年前，回答这个问题还很困难，因为那时人们并不知道苹果真正来自哪里。据推测，苹果是由罗马人或更古老的文明从欧洲带酸味的森林苹果（*M. sieversii*）培育出来的，可能在古代与其他物种进行了杂交。后来，英国的 DNA 研究证实，哈萨克斯坦南部“果林”中的苹果树是新疆野苹果（*Malus sylvestris*）。有趣的是，这个物种的野生种群在果实成熟的时间上表现出相当大的差异。这被认为是一种适应，以确保包括熊和野马在内的各种动物都有机会吃到果实并传播种子。这种遗传变异对人类来说非常有价值。

苹果究竟是在什么时候从亚洲传入欧洲的，还不得而知。但几千年来，苹果基因的多样性在不断增加，以至于现在欧洲的每个地方都有自己独特的本地品种。这种水果被引入北美后，18 世纪和 19 世

◀ 果园里树龄在百年以上的苹果树，其中有些是不再广泛栽种的品种。

纪基因的多样性进一步增加，但事情开始时的进展并不顺利。欧洲的苹果品种经常死亡，在它们以前从未遇到的恶劣气候下未能结出果实。鉴于当地人关于果树嫁接的知识有限，因此这些品种的苹果主要通过种子进行传播，而且主要来自偏远地区果园中果核的自然萌发，从而出现了许多质量差、不能食用的果实。美洲早期种植的苹果大多用于生产苹果酒，对甜度和外观品质的要求远不如制作甜点和烹饪那么高。梭罗形容苹果“酸到让松鼠难以下口，让松鸦尖叫”，这种描述可能也适用于 19 世纪美国的许多苹果品种。

通过种子大量种植苹果，可以促进遗传多样性的大量增加和基因重组，从而产生一系列新品种。从早期阶段开始，位于大西洋两岸的欧洲和北美地区一直在不断交换苹果品种。如今，美洲的许多苹果品种在欧洲很受欢迎，例如“乔纳森”“美味”和“美国丽人”。本杰明·富兰克林指出，发现于纽约法拉盛的“纽敦皮平”苹果在 1781 年已经传播到欧洲。即使它们的果实不那么受欢迎，苹果树本身也是受欢迎的观赏植物。它们的植株相对较小，在春天开满迷人的花朵。花朵刚开放时为独特的粉红色，慢慢褪色至接近白色。矮化砧木（最初由亚历山大大帝于公元前 328 年从中亚带来）使人们可以在除最小的花园之外的其他地方观赏这些花朵，享用由此产生的果实。苹果是种类最多的水果之一，也是一种最容易栽种的水果。

▲▶ 苹果品种“肯特夸伦登”（上图）和一棵正在盛开的苹果树（对页图）。

椰 枣

Pheonix dactylifera

科：棕榈科

简述：一种棕榈，可能是最古老的栽培植物之一

原产地：伊拉克

高度：23 米

潜在寿命：大约 100 岁

气候：亚热带气候、半沙漠气候

贸易商队在穿越一望无际、令人厌烦的炎热沙漠时，看到地平线上出现的椰枣树一定是一件非常愉快的事情。椰枣树不仅预示着有水，而且可以为下一阶段的旅程提供口粮，意味着生存。椰枣是自然界中最好的食品之一，营养丰富，方便运输，不会变质。

椰枣已成为沙漠的标志性形象，但它并不是沙漠植物。它需要充足的水源，生来就是生长在肥沃河谷的树种，伊拉克的底格里斯河和幼发拉底河的河谷很可能就是它的原产地。很难说它真正起源于哪里，因为这种有用的植物在人类历史的早期就被交易和种植，沿着从西班牙南部到印度北部的贸易路线传播。

椰枣在几个世纪前被引种到许多气候适宜的地区，因此我们有必要了解其繁殖和种植方式。早期的种植者很快就明白了雄树和雌树之间的区别，雄树不宜太多，因为它们会占据不少空间而不结果。古人很早就知道，可以通过采下雄树的花朵，然后用刷子将花粉涂到雌树的花蕊上，以此完成人工授粉。高效的人工授粉意味着一株雄树可以使 100 株雌树受精。一些有进取心的种植者还想出了其他办法，他们在市场上出售雄树的花，让小种植者能够在没有雄树的情况下种植椰枣。

虽然椰枣种植在许多国家（包括澳大利亚和美国等）取得了进展，但在它的故乡伊拉克，椰枣的种植已经倒退了。伊拉克的椰枣和当地的人们一样，饱受战争带来的灾难。21 世纪 10 年代中期，大片的种植园只剩下令人沮丧的光秃秃的树干。直到 20 世纪 80 年代，椰枣在伊拉克一直是仅次于石油的第二大出口产品，并且在很大程度上是这个国家的象征。2005 年，伊拉克政府计划开始重建椰枣种植园。数十个椰枣种植园已经开始行动，从巴格达机场通往市区的道路旁已经种植了不少椰枣。最重要的是，当地政府为收集和保护椰枣遗传基因的多样性做出了重大努力。在该计划开始之前，大约四分之三的幸存树木属于同一品种，而历史上大约有 600 个品种。

不同种类的椰枣在很多方面都有所不同，其中最重要的区别之一是含水量。非常干燥的椰枣适合以散装形式储存，而潮湿的椰枣可以压缩成块状保存。诸如伊拉克的“阿米尔朝觐”和伊朗的“莫扎法蒂”等品种皮薄肉多，汁液丰富，甘甜可口，适合新鲜食用；“德格勒诺尔”是半干品种，易于保存，常用于出口。埃及有用政治人物命名椰枣品种的传统，如“扎格鲁尔”是一种以埃及历史上的一位民族英雄命名的超甜品种。

目前，组织培养被用于繁殖大量选定的品种。2009 年，卡塔尔的一个团队测定了椰枣的基因组，这使将来能够进一步对椰枣进行改良。未来，这种古老植物的更多品种的基因组肯定会被更新。

▶ 年轻的椰枣树可以展示出完美的对称性。

油橄榄

Olea europaea

科：木樨科

简述：在地中海地区是一种具有重大经济价值的常青树，是那里文化和景观的重要组成部分

原产地：地中海东部至西南亚地区

高度：15 米

潜在寿命：2000 岁

气候：地中海气候

古老的橄榄树进一步增添了这座老石屋被遗弃荒废的感觉，它们那黑乎乎的树干以一种奇怪的角度倾斜着。这座房子显然遭到了时间的摧残，而橄榄树似乎正在茁壮成长，看起来颇为健康的树枝上长着大量尖尖的灰绿色叶子。树上长满了果实，与旁边废弃的梯田形成了鲜明的对比，那里的杂草已经取代了旧有的庄稼。

这种被遗弃的农村场景在许多地中海国家都可以看到。年轻人从人烟稀少的农村社区搬了出去，他们不愿在这些贫瘠的土地上艰难地谋生。来此度假的外地人成了几代人辛苦建造的房屋和梯田的唯一希望，他们可能将其买下作为度假时的住所。对于橄榄树来说，这样的命运通常也是不错的，周末到此游玩的城市居民希望看到它们散发出来的古老气息和真实的乡村生活。这些古老的橄榄树经常被挖出来出售，然后被重新栽种在远方的庭院中以及希望展示农村风格的餐馆外面。一些古老的橄榄树在夜深人静的时候消失了，这看起来像黑魔法。它们非常容易移植。那些古老的橄榄树最终生长在寒冷的北方气候中，它们通常被栽种在室内。人们能够在精致的北欧餐厅的露台上看到橄榄树幼苗，它们通常被栽种在时尚的镀锌容器中。全球气候变暖导致的温冬鼓励许多人在更靠北的地方尝试地中海生活方式，而拥有一片最具地中海风情的树木是这个愿望的一部分。事实证明，橄榄树非常顽强，能够从容应对非常寒冷的冬天，但在北方栽种橄榄树是否会成为长期的行为尚不清楚。

作为一种典型的地中海树木，橄榄树在农村地区随处可见，它们可以结果多年，而只需要很少的照看。将橄榄树的果实在盐水中浸泡后，可以去除苦味，供人们食用，但它们的最大用途是压榨食用油。在历史上，橄榄油曾被用作灯油和润滑油，用橄榄油制作的传统化妆品和肥皂在那些拒绝使用含有人造成分的产品的富裕消费者中找到了新市场。中世纪大马士革的铸剑者利用橄榄核的高温来锻造品质极高的钢材。

在饮食方面，橄榄油被认为是一种健康的油品，研究表明它不太可能引起其他食用油和脂肪所导致的健康问题。地中海地区的食用油生产商利用橄榄油与健康的这种联系来推销他们的产品，通常将其与农村生活方式的浪漫形象联系起来。然而，将橄

◀ 生长在西班牙马拉加附近的橄榄树。

榄油与相关的菜肴分开是不可取的，有些人认为橄榄油仅在整体健康饮食的背景下才有益于健康。

无论如何，人们对橄榄油的认识有了很大的提高，现在可以为消费者提供来自许多不同地区和橄榄树品种的油品。我们现在能看到一系列令人眼花缭乱的橄榄。绿橄榄和黑橄榄的差别主要源于它们的采摘时段不同，而不是品种不同。黑橄榄已成熟，而绿橄榄未成熟。采摘后是否发酵也是一个重要的区别。

今天，橄榄的商业生产在整个地中海地区以及气候相似的引种地区（如美国加利福尼亚、阿根廷和智利）都很广泛。现代种植园与传统种植园大不相同。后者是小农经济的一部分，树下杂草丛生，野花盛开，绵羊和山羊四处游荡。在现代种植园中，除了橄榄之外，几乎没有其他植物存在。例如，在西班牙的哈恩省，开车行驶数千米，看到的只有橄榄树，树下是光秃秃的土地。

橄榄树是一种有用的树木，具有不可替代的精神意义。这种树在雅典的神话中具有重要地位。在古典时期的大部分时间里，雅典卫城中都生长着一棵树。传说它在波斯人烧毁这座城市后奇迹般地复活了，尽管“奇迹”只是时间作用，因为橄榄像地中海地区的许多物种一样，在火灾过后具有重新发芽的能力。橄榄枝是无处不在且多产的树木的象征，与胜利、祝福与和平有着长久的联系。在英语中，“伸出橄榄枝”被理解为表示友好。

◀ 橄榄树是地中海地区的标志性景观之一。

滇刺枣

Ziziphus mauritiana

科：鼠李科

简述：速生树种，能在干燥的气候中茁壮成长；果实营养丰富，可以食用

原产地：不清楚，分布非常广泛

高度：12 米

潜在寿命：大概不会超过 100 岁

气候：干旱和半干旱气候

一位研究人员曾经说过："大自然的礼物象征着看似贫瘠的生态系统的生产能力。" 而澳大利亚昆士兰州农业、渔业和林业生物安全部 2013 年的报告宣称："密集的侵扰……形成了难以穿透的灌木丛，严重妨碍牲畜业管理，降低了牧场的产量，并且可能对环境产生重大影响。" 关于特定植物物种的这类不同意见越来越多。当这些物种是生长在干旱环境中的本土物种时，公众舆论会以一种特别极端的方式形成两极分化。任何在干燥、恶劣条件下生长良好且对某一方面有用的物种都容易被农民和研究人员加以利用，他们不仅渴望帮助他人，而且希望在职业生涯中留下印记。但沙漠处于微妙的平衡状态，任何比现有物种稍具优势的新物种都可能迅速传播并产生破坏性影响。

滇刺枣的传播范围如此之广不足为奇，因为能在沙漠中产出如此大量营养丰富的水果的任何物种都会受到古代人民和现代人民的欢迎。事实上，人们已经将滇刺枣列入起源不明的精选物种名录，因为它们在很久以前就被引种到了许多地方。虽然用果肉包裹着的种子种植滇刺枣是一个缓慢的过程（被英国皇家植物园列为"难种种子"），然而种子一旦发芽，幼树就会迅速生长，将主根深深地扎入地下汲取水分，而大量的荆棘有助于保护它们免受动物的侵害。滇刺枣最快可在三年内结出果实，而且对于居住在沙漠中的人来说，树上果实的成熟期并不统一，从而为他们持续提供食物。

滇刺枣中等大小的卵形果实是几种酸甜口味的水果之一。除了供新鲜食用外，它们还可以被做成蜜饯和腌制食品。后一种处理方式也适用于枣这个与其有亲缘关系的物种。甜、酸和咸的口味组合深受中国和其他东亚地区的人们的喜爱，但对美国人和欧洲人来说这是一种文化冲击，这种组合口味往往是陌生的。滇刺枣比它的亲缘种更耐寒，长期生长在中国。这种水果在当地的食品加工中发挥着重要作用，可以用于生产茶、果汁、醋、烈酒和各种零食。现代研究表明，滇刺枣是所有水果中维生素 C 含量最高的水果之一，仅次于番石榴。

这种水果的味道和用途导致了它在历史上经过贸易路线得到了广泛传播，但这种树的传播远远超出了它有点神秘的起源，造成了生态问题。滇刺枣在某些环境中迅速生长，已成为一种危险的入侵物种，

▶ 滇刺枣弯曲的枝条和舒展的叶子。

尤其是在澳大利亚北部。与其他入侵物种一样，这种植物可以在人们专门为其准备好的地方茁壮生长。最严重的入侵发生在旧矿区周围，当地所有的原生树木和灌木都被砍伐以提供木材。在澳大利亚，滇刺枣在一些废弃的矿山中绵延数千米。

农林业的现代化实践肯定会增加这个多用途树种的受欢迎程度，但我们希望不要以牺牲新家园中已经存在的植物群落为代价。

椰 子

Cocos nucifera

科： 棕榈科

简述： 一种分布广泛的棕榈，可为人们提供食物和原材料

原产地： 备受争议，可能起源于太平洋地区

高度： 30 米

潜在寿命： 100 岁

气候： 湿润的热带气候

乘飞机进入印度南部喀拉拉邦的厄纳库拉姆机场时，所能看到的是一大片深绿色的羽状叶子和粗细均匀的树干。这是一片椰林，喀拉拉邦因此被称为“椰子之乡”。棕榈林具有很好的遮蔽效果，其下分布着田野、房屋、道路等。

住在这里的大多数人每天都会吃用椰子加工的食物，他们用椰子油为皮肤保湿，使用由椰子木制成的家具。在某些情况下，他们会住在用椰子树干和叶子建造的房子里。椰子确实是慷慨的供应商，一棵树每年可以结 75 个果实，每个果实重约 1.3 千克。

椰子是一种在生态上很成功的树木，其数量呈指数式增长，主要是因为它对人类来说很有用。这种树的果实可以漂浮在水面上，其种子能够存活数月，因此非常适合远距离传播。然而，基因分析表明，大部分椰子是通过人类进行传播的，航海者将它们带到了全球的热带地区。今天，椰子几乎遍布热带沿海地区，尽管它们在内陆也生长得很好。种植这种有用的植物当然会损害其他植物，例如红树林被砍伐，以种植椰子。

椰子的果实由几层组成，外面是绿色的，有光泽。椰子的外皮总是会在送到商店之前被剥掉。温带地区的消费者只熟悉呈球形的坚果，它的外面覆盖着粗糙的毛发状棕色物质，末端有三个独特的“眼睛”（发芽孔）。当环境条件合适时，幼苗就会从这些“眼睛”中长出来。

路边成堆的椰子（带着完整的绿色外皮）是热带地区常见的景象。一个男人（偶尔是一个女人）会用一把看起来很野蛮的砍刀将椰子的一端砍掉，然后插上吸管递给路人，而收费不多。从椰子内部吸取甜甜的汁液是热带地区街道上令人耳目一新的体验之一。椰子的数量如此之多，以至于人们常常在喝完最后一口汁液后将其丢入腐烂的水果堆里。椰子通常由身形矫健的年轻人从树上采摘下来，他们借助专用工具爬上高高的树干。在一些国家中，这项艰巨的任务是由猴子完成的。

采摘椰子存在安全隐患吗？坠落的椰子很危险，有多少人死于坠落的椰子是媒体每年讨论的主题之一。每年多达 150 人死于坠落的椰子这种说法是未经证实的，这是由迫切需要头条新闻的流行报纸编辑、歌词作者和故事讲述者在酒吧等场所向睁大眼睛的游客讲述的神话传说。在澳大利亚，关于死于椰子坠落的离奇故事甚至加剧了当地政府官员的恐慌，

▶ 椰子树的抗风能力非常强。

他们砍倒了那些很受欢迎的海滩上的椰子树，尽管几乎没有证据表明它们存在明显的安全风险。

椰子的白色果肉可以作为烹饪食材，也可以经加热制成食用油，用于制作油炸食品或进一步加工。不用说，它的风味在印度南部和东南亚地区的许多菜肴中起着重要作用。椰肉的甜味可以抵消当地美食中辣椒的辣味，也可以减轻酸味和苦味。除了甜味之外，在西方饮食中，人们似乎无法以其他方式使用椰子，椰子的作用仅限于作为蛋糕和巧克力棒的调味品。椰肉干是温带地区的人们食用椰子的唯一方式。椰子在产地一直用于制造化妆品，现在含有椰油的化妆品在世界各地越来越受欢迎。这种油脂很容易被皮肤吸收，作为保湿剂和按摩油很有价值。另外，椰油也可以用于制造肥皂。

印度喀拉拉邦和许多其他热带地区的穷人仍然住在他们赖以生存的椰子树附近，房子的框架是用椰子树干建造的，墙壁是用椰子树那巨大且耐用的枯叶编织而成的。用椰子树的叶子制作的屋顶具有非常有效的防水效果，可以使用多年。具体做法是将叶片绑在木条上，然后将木条叠放在倾斜的屋顶上。在热带地区的暴雨天气，雨水不断向前流淌，直到完全从屋顶上排下。每片叶子就像一块单独的瓷砖或瓦片。

这种房屋的大部分结构都是用从椰子树的叶子中提取的纤维制成的绳索连接在一起的。西方人更熟悉的是覆盖在棕色果壳上的纤维。这本是一种无用的东西，但已被用作许多产品的原材料，其中我们最熟悉的是不起眼的门垫。这种被称为椰壳纤维的材料也可以作为花园盆栽堆肥的成分出口。未来，它很可能用于生物质燃料发电。

椰子的多种令人难以置信的功能导致它在人们的精神生活中发挥着重要作用。例如，财富女神拉克希米经常被描绘成手持椰子的形象，椰子上的三只“眼睛”被视为湿婆的三只眼睛。在印度教中，椰子在许多仪式中发挥着作用，尽管历史上许多印度教徒生活在内陆地区，远离椰子种植区。晒干的椰子壳常用作寺庙仪式中的供品。印度的梵语承认椰子的重要性，称它为“卡尔帕夫里克沙”，意思是“为生命提供一切的树”。对椰子还能有什么更高的赞誉?

◀ 从树上掉下来的椰子（左图）、椰子树干（中图）和叶子（右图）。

美国山核桃

Carya illinoinensis

科： 胡桃科

简述： 大型乔木，坚果可食用，具有经济价值

原产地： 主要位于密西西比河以西，从得克萨斯州和路易斯安那州到伊利诺伊州南部以及墨西哥的山区均有分布

高度： 40 米

潜在寿命： 300 岁

气候： 暖温带气候

山核桃派是美国南部的经典美食，其浓郁的风味非常适合感恩节和圣诞节等冬季庆祝活动。直到 19 世纪末，美国山核桃才被记录下来，但它的起源比较模糊。它在 20 世纪的流行与商业公司宣传玉米糖浆的努力有关。许多人声称最好的山核桃派是用天然枫糖浆制作的，因此北美林区最美味的两种产品和谐地融合在一起。

美国山核桃营养丰富，虽然热量高，但大部分热量来自相对健康的不饱和脂肪酸。美国山核桃的纤维含量高，钠含量低。佐治亚大学的研究表明，它含有有助于降低胆固醇水平的化合物。美国山核桃具有浓郁的黄油味，可以让人们无忧食用，难怪它们如此受欢迎？

旧大陆的人们不熟悉美国山核桃，但很容易根据核桃仁的形状猜测它与日常熟悉的核桃的关系。二者确实具有亲缘关系，因为它们都是胡桃科的成员，叶子的形状也很相似，每一片叶子都分成许多片小叶。美国山核桃是山核桃属在新大陆的一个变种，在美国东部是一种常见的林木。该属的其他物种统称为山核桃。所有的山核桃树都生产可供人们食用的坚果，但没有美国山核桃的产量高。人们让一些山核桃与美国山核桃杂交，试图培育出适合在美国山核桃自然分布范围以北的地区生长的品种。

美洲印第安人大量食用美国山核桃。这种坚果的营养丰富，易于储存和加工。他们将美国山核桃收集起来，剥取富含蛋白质的果仁。这是一个有吸引力的方案，可以替代捕获后必须烹饪的野味。然而，没有证据表明他们有意栽种这类树木。“pecan (山核桃)”这个名字源于阿尔冈昆语，这很奇怪，因为说这种语言的人住在这种树分布范围的北部。

美国山核桃的栽种始于欧洲定居者的到来。托马斯·杰斐逊是一位伟大的农民和园艺师，也是植物育种的倡导者。他种植了不少山核桃树，有力地促进了这种树木的种植，结果培育出了一个新品种。像所有山核桃一样，美国山核桃所出产的木材质量也很高，并且在熏制食品方面深受好评。

美国山核桃而非任何其他山核桃品种被广泛种植的原因，不仅在于坚果的大小和质量，还在于可预测性。种植果树的人都知道，果树往往有“大年”和“小年”之分，有时二者的交替非常明显。其中的原因是坚果丰收对果树的要求很高，而丰收会使果树处于“饥饿”的边缘。因此，在接下来的一年里，果树会为自己的生存储存营养。为什么坚果的产量

不是每年更稳定一些呢？进化生物学家可能会想，大型作物能有效对抗啮齿动物等觅食者，这些动物不可能吃掉果树在丰年出产的所有果实。

商业种植者在他们的种植园中种植几种不同的山核桃，部分原因是为了确保树木可以异花授粉。另一部分原因是确保一个品种收成不好时，另一个品种能有一个好的收成。不同品种每年都会或多或少地结出一定的果实，这可以使用“交替结实指数”来量化，其中涉及一些相当复杂的数学知识。因此，山核桃的生长不仅仅涉及种植和收获。

▶ 一棵成年的美国山核桃树（上图）和成熟的坚果（下图）。

长 角 豆

Ceratonia siliqua

科：豆科

简述：常绿乔木，具有重大历史和经济价值，其豆荚可食用

原产地：地中海地区东部

高度：15 米

潜在寿命：未知

气候：地中海气候

地中海地区的古代文明充分利用了在该地区苛刻的自然条件下顽强生长的许多耐旱树种。长角豆是鲜为人知的角豆种类之一，具有一定的商业价值。长角豆的用途集中在豆荚上，其外观表明该物种是一种豆科植物。与该科的大多数成员一样，长角豆的种子可以食用，而且营养丰富。豆荚需要一年时间才能成熟。

在干旱季节，长角豆和地中海地区的许多树木一样，可以将根扎得足够深，以获取浅根植物无法获得的水分，从而在其周围的植物枯萎时保持活力。事实证明，这对干旱季节的农民来说是一个福音。长角豆的希伯来语名字为“*Haroov*”，其意思是“拯救生命”。豆荚可以喂给家畜，也可以供人类食用。《圣经》说施洗约翰在沙漠中以“刺槐和蜂蜜”为生，这里的“刺槐”指的是长角豆的果实。种子周围的果肉的味道很好，富含糖分，在食品工业中可以作为巧克力的替代品、调味剂和增稠剂。

这种果实的食用源于中东和北非部分地区的人们在制作甜点时使用由长角豆果肉制成的糖浆或面粉的传统。在引种甘蔗和甜菜之前，长角豆是该地区甜味剂的主要来源之一。有些人对巧克力过敏，而对他们来说，长角豆是一种受欢迎的替代品。保健食品行业生产了巧克力的许多替代品，真正的巧克力爱好者在很多时候对这些人造巧克力产品感到恐惧，但这也许是因为它们具有很高的可比性，并且本身就值得欣赏。长角豆无疑是令人愉悦的食物，具有巧克力所缺少的有益于健康的耐嚼品质。

长角豆的种子很坚硬，它们的质量非常均匀。古人早就注意到了这一点，曾将它们用作砝码，特别是用于称量黄金。最终，长角豆的质量被标准测量单位取代，一粒长角豆相当于 0.2 克。称量黄金时用“克拉”描述其纯度的做法就是由此而来的，“carat”(克拉)和“carob”（长角豆）共用一个词根。

长角豆的实用价值不可避免地让它在中东地区的神话故事和人们的信仰中占有一席之地。世界上最古老的文学作品《吉尔伽美什史诗》和犹太法典《塔木德》都提到过长角豆，它被用作利他主义的例证。这种植物需要一代人以上的时间才能产出优质的果实，正所谓前人种树，后人乘凉。实际上，如果种植良好，灌溉及时，这种植物可以在短短的 6 年内由种子长成大树并结出果实。如果通过扦插繁殖，则更快。

长角豆本身很漂亮，树干粗壮，随着树龄的增长，

▶ 长角豆的“豆”清楚地表明它在豆科中的地位。

具有深色光泽的叶子会形成明显的雕刻效果。每片叶子由多片小叶组成，这是豆科植物叶片的典型着生方式。在地中海地区和其他温暖干燥的地区，长角豆一直被当作观赏植物，甚至被用作树篱型灌木。它能够在良好的条件下快速生成，并在干旱年份生存。这一特点使长角豆在许多远离原产地的地方很受欢迎。

柑　橘

Citrus species

科：芸香科

简述：常绿乔木，世界上种植最广泛的一类果树

原产地：东南亚

高度：10 米

潜在寿命：150 岁或更长

气候：地中海气候及其他温暖的气候类型

圆圆的果实从柑橘树上垂下来，有时会落到下面的人行道上，散发出淡淡的清香。许多果实在来往的车流中被压扁，它们的汁液溅在路面上。这里是西班牙南部的塞维利亚。来自气候较冷的国家的游客看到一种水果（一种他们愿意花钱购买的水果）散落在地上并被浪费掉，往往感到很震惊。有人很想捡起地上的果实，但如果这样做的话，他们会感到非常震惊，这种果实不仅酸，而且非常苦。塞维利亚橙是用来制作果酱的，它的酸味和苦味与所添加的糖的甜味形成了令人愉悦的口感。在廉价、快速运输时代到来之前，北欧和其他地方的人们只能看到以蜜饯形态出现的柑橘类水果。

酸橙（*Citrus* × *aurantium*），即塞维利亚橙，是橙子的原始品种之一，而现代可供直接食用的甜橙是复杂的杂交品种。甜橙的学名 *Citrus* × *sinensis* 反驳了植物学家曾经相信柑橘起源于中国这个事实。“naranga”在印度南部的德拉威语中是“橙色”的意思。这个名字通过梵文和阿拉伯语保留了下来，在西班牙语中“naranja”具有几乎相同的拼写方式。野生柑橘分布在喜马拉雅山脉以南而非北部，尽管中国人是最早种植这种水果的人之一。柑橘首先通过丝绸之路到达欧洲，这是一条连接中国与中东和欧洲的贸易网络。柑橘最初是由阿拉伯人改良的，并被引入西班牙南部。传教士将这种水果带到了美洲的西班牙殖民地，包括今天的加利福尼亚。

今天，柑橘是世界上种植最广泛的水果，例如用于生产橙汁的柑橘数量远远超过其他任何用途。巴西在这方面处于领先地位，美国紧随其后，然后是中国。用不同品种和不同产地的柑橘生产的果汁的质量是不同的，这就解释了为什么市场上销售的橙汁是一种混合物——很像威士忌、苹果酒和欧洲人饮用的茶。生产橙汁会留下很多果皮，但这并不一定会造成浪费。从果皮中压榨出来的油性物质有多种用途，例如用于制造香水。这种物质的主要成分是一种被称为 D-柠檬烯的化学物质，可以用作溶剂。这种物质被添加到许多产品中，包括家具上光剂、去污剂和其他清洁剂。据报道，它还具有抗癌和抗氧化特性。

柑橘是一个复杂的植物种群的一部分，它们被不断杂交和反复杂交。蜜橘、柑橘和砂糖橘等术语指不同的品种，它们通过明确的遗传谱系保持其性状。许多现代技术用在了柑橘的育种中。脐橙是一种至少在目前保持其原始遗传性状的品种，第二个果实

▶ 柑橘是优秀的行道树。

长在第一个果实的顶部。除了非常美味之外，脐橙无籽。在鲜果贸易中，与其他橙子相比，脐橙具有巨大的商业优势。但是，脐橙没有种子意味着它的繁殖非常困难。今天的脐橙与原始单株差不多，该物种是在 1820 年左右在巴西巴伊亚附近的一个种植园中发现的。

对于大多数消费者来说，唯一不同的品种是血橙。黑色素导致其果肉和汁液呈红色，人们普遍认为其味道是上乘的。最早的血橙被认为起源于 15 世纪的意大利。今天，大多数血橙仍然种植在那里，以及西班牙。虽然消费者不会以其他方式区分他们购买的橙子，但种植者需要对他们的产品做出区分：是种植酸度高的品种还是种植糖分高的品种，哪些品种在当地气候中的表现更好（霜冻是一个很大的危险），果实在一年中的哪个特定时间成熟?

如果气候合适，柑橘非常容易生长，但是它们需要大量的水。因此，柑橘的商业种植对产区通常有限的水资源供应提出了非常高的要求。病虫害也可能是一个重要问题，未来柑橘产区的生产力很可能取决于各种病原体的存在与否。任何在家中种植柑橘类水果的人都可能熟悉应对蚧壳虫、红蜘蛛和粉虱的方法，那么想象一下整个种植园的问题！合成化学农药曾经被广泛使用，然而由于存在健康问题以及化学品会同时杀死害虫及其天敌（如瓢虫），人们正在制定新的策略。

目前，柑橘生长面临的主要问题是由昆虫传播的细菌导致的感染，人们称之为柑橘绿化病。因此，保护策略往往集中在这类昆虫的控制上。作为现在所谓的“虫害综合管理”的一部分，未来将进一步减少合成化学品的使用。这种策略的一部分是通过培育捕食性昆虫来控制有害昆虫，即所谓的“生物防治”。

生物防治的第一个成功例子出现在 19 世纪 60 年代，当时大量有害昆虫被意外地从澳大利亚引入美国加利福尼亚州，对该州的柑橘种植园造成了毁灭性的影响。大约 20 年后，科学家们引入了一种天然的捕食者——瓢虫。瓢虫以蚧壳虫为食，使柑橘种植园恢复了健康。自然防治害虫的想法大有前途。

▶ 柑橘种植园是最丰富多彩的商业种植园之一。

核 桃

Juglans regia

科：胡桃科

简述：落叶乔木，果实深受欢迎

原产地：从巴尔干半岛经中亚到中国西部

高度：35 米

潜在寿命：可能长达 300 岁

气候：寒冷至暖温的大陆性气候

奥什集市是中亚地区最大的零售市场之一。在吉尔吉斯斯坦的比什凯克，数百个按品类分布的摊位占据了几个街区。那里是中亚最大的干果和坚果集散地，该地区也是我们喜欢的许多水果和坚果的产地。成堆的核桃大小不一，颜色略有不同，产地也不同。杏干、杏仁、枣和其他许多东西也是如此。显然，这里的人是那些我们很少关注的事物的鉴赏家。摊主向潜在的买家提供样品，外国人很快就会发现看似相同的坚果存在巨大的差异，与自己国内的坚果相比差异更大。

核桃是吉尔吉斯斯坦的特产，该国南部是世界上唯一有大规模核桃林分布的地区。在历史悠久的丝绸之路所跨越的广大地区，除了吉尔吉斯斯坦，其他任何地方都没有形成如此规模的核桃林。在其他地方，核桃树通常散落在其他物种占主导地位的森林中。在美式英语中，这种坚果被称为英国核桃，但这完全是误称。在野外永远不会发现核桃树的一个地方是英格兰，因为这里的维度超过了核桃树分布范围最北部的边缘。由于气候原因，英国的园艺师可能会选择种植适合在凉爽的夏天挂果的特殊变种。“英国核桃”这个名字实际上源于 18 世纪的英国水手，他们曾经携带核桃横渡大西洋，这些核桃很可能来自西班牙或法国。中国现在是最大的核桃出产国。

核桃树形成了大型花园和乡村的壮丽景色。所以，即使它们有时不能很好地结果，也要好好地养护它们。欧洲其他地区的乡下人广泛种植核桃树，从而获取坚果。另外，还可以用核桃的外果皮制造黄褐色染料。核桃树过了最好的结果年份后可以提供非常优质的木材。核桃在欧洲往往是一种休闲食品，或者出现在圣诞节聚会等特殊场合。核桃油因其可以被添加到沙拉酱中而备受推崇。

在高加索和土耳其，核桃在人们的饮食中扮演着更为重要的角色。在格鲁吉亚和亚美尼亚，人们在炖菜和沙拉中大量使用碎核桃，因为这是经典土耳其甜糕点果仁蜜饼的重要成分。一种奇怪的烹饪方法是腌制未成熟的核桃，这是一种与传统的英式烹饪方式相关的食物，至今仍出现在某些食谱中。原则上，核桃是一种非常健康的食物，富含抗氧化剂和有益的油脂。然而，核桃对少部分患有坚果过敏症的人来说是极其危险的。

核桃木很硬，能很好地吸收冲击，适合制造枪托。这种木材具有非常漂亮的纹理，因此用它制作的门把

▶ 生长在意大利托斯卡纳圣加尔加诺修道院废墟中的核桃树。

手、家具贴面和乐器等高档物品很受欢迎。北美黑胡桃（*Juglans nigra*）被誉为北美大陆上最好的木材之一，它与核桃有着亲缘关系。这种木材的价格极高，因此盗伐树木的情况并不少见。

核桃树自有妙计，它们能够通过释放化学物质抑制其他植物在其周围和下方生长，杀死许多昆虫和寄生虫。抑制其他植物有助于核桃树幼苗成活，但园艺师在核桃树周围种植其他植物时需要注意这种有害影响。核桃树绝对是一种会照顾自己的树木。

榴　梿

***Durio* species**

科：锦葵科

简述：大型常绿乔木，其果实被称为“水果之王”，但以特殊的臭味闻名

原产地：东南亚部分地区、印度尼西亚

高度：50 米

潜在寿命：未知

气候：湿润的热带气候

走在中国的一家高级酒店的走廊上，一股特殊的气味扑鼻而来，令人望而却步。一些外国游客自言自语道：“下水道的气味。”当他们走到房间门口时，才意识到那种气味是从里面传来的，心里不免有些震惊。当他们打开门时，一股浓郁的气味扑面而来。一定是榴梿！这些榴梿的外面包裹了两层玻璃纸，然后放在密封的盒子中，摆放在迷你吧台内，但是它们的独特气味还是难以遮挡。难怪这里的大部分地区禁止在公共交通工具上食用榴梿。这种气味很难准确描述，人们曾用污水、腐烂的大蒜、腐烂的蔬菜来形容。不管我们怎么想，动物显然喜欢榴梿。许多动物循着这种气味，从老远的地方跑过来，捡起落在地上的榴梿，大吃一顿。

购买榴梿也许是一件复杂的事情，这取决于当地的习俗。有些露天摊位会出售榴梿，他们将榴梿切好并用保鲜膜包裹起来。榴梿的等级不同，价格也不同，从昂贵的到极其昂贵的都有。有时你可以买到没有切开的整个榴梿，这时卖家会戴上厚实的手套捡起一个西瓜大小、长满刺的榴梿。他们用一种像镰刀一样的特殊工具，从厚厚的果皮中取出果肉，只有有限的部分可供食用。几个购买者偷偷把榴梿带回酒店，心里难免有些愧疚，因此他们坐在外面的阳台上享受美味。这种暗黄色的果肉看起来像奶油蛋羹，入口后的口感也像。吃榴梿时，你必须忍受它的气味。这是一种非常特殊的感官体验，与吃其他任何东西都不同。实际上，榴梿的味道非常微妙，令人愉快，虽然它一点也不甜。榴梿有一种回味，它不吸引人，但也并非没有吸引力。实际上，这种味道有一种奇怪的效应，就像一种信息素，能深入大脑的某个区域。一旦接受了这种味道，你就会认为没有其他东西可以与之相比了。

榴梿属大约有 30 个种，其中人们常吃的大约有 9 个种。特别值得一提的是榴梿（*Durio zibethinus*），人们用它培育出了数百个品种，其中许多品种尚未进行分类和检测。这些品种主要分布在印度尼西亚和马来西亚的榴梿产区。随着人口数量以及人们收入的增长，在榴梿的产地和邻近的中国，人们对榴梿的需求也在不断增加。研究人员正在培育气味不那么让人讨厌的品种，以及在成熟数天后才产生气味的品种。这项研究可以让榴梿不再引起人们的反感，从而为扩大它的销售创造机会。然后，可以通过扦插或嫁接的方式进行繁殖，以保持其性状稳定。有些地区每年都会举办榴梿交易会，来自

四面八方的榴梿爱好者寻找各自喜欢的品种，品尝新的品种。这种水果之所以如此受欢迎是因为人们普遍认为它特别健康，但是这种看法没有依据。

泰国不是榴梿的原产地，现在却是榴梿的主要出口国，而中国是最大的进口国。随着榴梿消费量的迅速增长，澳大利亚在20世纪70年代开始从事榴梿的商业种植。有时，人们在榴梿产地以外的地方可以买到榴梿干、榴梿汁或榴梿口味的冰淇淋，但与新鲜的榴梿相比，这些食物的味觉体验都不值得一提。

► 榴梿树（右图）、叶子背面（左上图）和果实（左下图）。

丁 子 香

Syzygium aromaticum

科：桃金娘科

简述：一种常绿小乔木，可出产具有商业价值的香料

原产地：印度尼西亚的马鲁古群岛

高度：40 米

潜在寿命：400 岁

气候：湿润和季节性干旱的热带气候

“生物剽窃”指的是非法提取生物遗传资源。今天，激进人士经常使用这个术语描述跨国公司为从传统作物中挑选的植物品种申请专利的行为。这种行为很复杂，我们通常很难确定它是否真的合理。回顾历史，当前面临的伦理问题和政治问题比这种行为刚出现时更加突出。这个词也可以用来描述丁子香的历史，这是世界上最受欢迎的香料之一。

丁子香通常指桃金娘科植物的花蕾，该科还包括桉树和白千层树等。所以，它们浓郁的香味也就不足为奇了。在西方，丁子香是制作蛋糕和其他甜点时最有名的配料。丁子香与苹果有着特殊的亲缘关系。磨碎的丁子香也是印度的一种广受欢迎的混合香料的成分之一。

丁子香的刺激性气味可以有效驱赶昆虫。在历史上，人们用丁子香制作香囊，将这种香囊放在抽屉和衣柜中，可以防止蛀虫损坏贵重衣物。传统医学利用丁子香的方式很多，其中一种方式仍然被认为是有效的。即使按照今天的高标准，丁子香油治疗牙疼的效果依然很好。长期以来，人们一直认为丁子香可以使口气清新。这在过去很重要，因为当时人们牙齿的卫生状况通常很差。就像以前在美国一样，丁子香在印度尼西亚是卷烟的主要成分之一。

◄ 丁子香的花蕾（制作香料的原材料）。

今天，香料的获取很方便，成本不高。但在人类历史的大部分时间里，香料都是极其昂贵的稀有物品，备受追捧。马鲁古群岛出产一些最受推崇的香料，该地区从事这种香料贸易的人们对它们的原产地严加保密。丁子香等香料的价值很高，如果能够保持干燥，则可以储存很长时间，因此这种香料的交易十分活跃。中世纪晚期，欧洲人开始大量购买丁子香，主要用于食品调味。阿拉伯地区的一些国家控制着这种香料的价格，欧洲人决心找到通往传说中的“香料岛”的路线。

16 世纪，葡萄牙人首先发现了丁子香的来源地。一个世纪以后，荷兰人开始试图垄断这种香料的生产，并取代葡萄牙人成为殖民者。荷兰东印度公司试图摧毁所有不受其控制的丁子香种植园，并限制丁子香的出口，人为抬高价格。未经授权，荷兰东印度公司严禁以扦插和播种的方式在其他地区种植丁子香。

18 世纪后期，法国成为印度洋上的强国，在毛里求斯拥有大片殖民地。18 世纪 60 年代，该岛上的殖民统治者皮埃尔·波弗（本是一名园艺师）组织走私者进入荷兰人控制的岛屿，带回了丁子香和肉豆蔻。据说今天特尔纳特岛上的一棵非常古老的丁子香树是用那些人偷来的种子培育的。

后来，英国人从毛里求斯得到了种子，并将丁子香引入了东非海岸附近的桑给巴尔岛。桑给巴尔岛多年来一直是世界上最大的丁子香出口地，现在这种香料的原产地印度尼西亚拥有这一地位。

杧 果

Mangifera indica

科：漆树科

简述：一种常绿乔木，果实在其产地广受欢迎，出口量越来越大

原产地：印度和东南亚地区

高度：40 米

潜在寿命：400 岁

气候：湿润和季节性干旱的热带气候

杧果成熟的季节刚刚来到，顾客们就怀着热切的心情聚集在印度南部小镇的水果摊旁。街头商店出售几种不同品种的杧果，其中既有北美和欧洲商店中常见的又大又丰满的杧果，也有淡黄色的小杧果。顾客们推推搡搡，大声讨价还价。每个人都可以听到其他人谈好的价格，并且店家很清楚他对顾客们的义务。店家决定让每个人都得到同样的结果，他说现在杧果刚上市，价格很高，但在接下来的几周内价格会下降。亲戚、同一种姓的人、学校教师和医务工作者等是深受欢迎的顾客。在其他人的密切注视下，店家会往他们的袋子里多塞一些水果。店家轻轻地把头左右晃了晃，好像在告诉顾客，自己给了他们很大的优惠。

印度人对杧果充满了热情，而种植杧果的人也是如此。在印度，这种水果没有真正的竞争对手，因此媒体对它的关注尤为密切。报纸上的文章和电视新闻的专题报道宣告了杧果收获季节的到来。该国是世界上最大的杧果生产国，但其生产的大多数杧果并未出口。欧洲和北美消费的杧果大多产自南美。在欧洲，加那利群岛和马拉加附近的西班牙南部地区的气候温暖，可以种植杧果，但这种水果很少出口到欧洲的其他地区。

各种杧果往往有很大的不同，尤其是味道上的差异。当然，它们很甜，但还有许多其他因素可以左右吃杧果的体验。一种味道往往会让谨慎的西方食客望而却步，那是一种类似于松节油或汽油的味道。最受推崇的杧果品种是阿方索，这不仅因为它的味道，还因为它有相对较长的保质期。这种杧果成熟的季节很短，从旱季的 3 月持续到 5 月，在季风到来前就结束了。这个名字是为了纪念 16 世纪葡萄牙海军指挥官阿方索·德·阿尔伯克基。这听起来可能有些奇怪，但早期葡萄牙在印度西海岸拥有不止一处殖民地，其中面积最大、被占领时间最长的殖民地是果阿。葡萄牙人将嫁接技术引入印度，因此以阿方索的名字命名这种杧果或许是合适的。另外，葡萄牙人还引入了辣椒。

在葡萄牙人引入嫁接技术之前，印度没有很多杧果品种。杧果的头状花序由数百朵小花组成，其中只有少数能得以受精长成果实。每个果实只包含一颗种子。根据遗传规律，每颗种子的基因不尽相同。因此，不能保证用种子种植的杧果的风味和品质保持稳定。嫁接的本质是选择产量高、品质好的品种，将它们的枝条插接在适应性强的砧木上，从而保证杧果的风味。

印度次大陆的厨师说，杧果的意义远不只是一棵漂亮的树和一个美味的水果。绿色的“酸杧果”是未成熟的果实，可以作为咸味食品和泡菜的成分，很受欢迎。杧果泡菜是该地区最受欢迎的辛辣食物之一，但你不要把它与甜酸口味的辣酱混淆，后者是用成熟的果实制成的。实际上，你可以写一整本关于杧果烹饪方法的书。然而，没有什么比吃当季第一个杧果鲜美多汁的果肉的感觉更好的了。

► 杧果：树（上图）、花簇（左下图）和果实（右下图）。

第6章 观赏

一旦人们有了安全感，有了足够多的食物，改善和美化环境的愿望自然就会出现。观赏园艺始于上层社会在自家的土地上种植有吸引力的当地植物。随着时间的推移，刻意种植的园林树木开始出现在公共场所。这些树通常具有实用价值和观赏价值。

我们知道，地中海柏木是由古罗马人、波斯人以及中东地区其他国家的人早期引种的。从那以后，这种树木一直被人们当作一种优雅精致的树种。长期以来，一些树木兼具实用功能与装饰作用。例如，黑杨可以用作防风林，也是财富的象征，它们因对景观的特殊贡献而备受赞赏。当然，赞赏者不仅仅是艺术家。雨树和七叶树原本用于遮阴，但它们也是非常美丽的树木，已成为种植地景观的独特组成部分，备受人们的喜爱。

最早出于观赏目的而种植的树木有垂柳和槐树，这两种树在中国的多数地区种植了许多世纪。日本深受中国文化的影响，并发展出了自己的独特文化。花期短暂的粉红色樱花在日本文化中居于核心地位。日本人也在花园和其他公共区域种植了许多其他野生植物，其中最有名的也许是日本枫树。

西方园林文化的发展比中国晚，后来出现了密集的大规模园艺探索和实验活动。今天世界上的观赏植物群几乎源于少数几个植物猎人和培育者。一些树木被运往全球各地，它们在新的种植地的地位比原产地更高。比如，银荆和梓树在国外比在其原产地更受欢迎，火焰树已经成为真正的全球性植物。然而，上面提到的这三个物种都对生态造成了破坏，因为它们的幼苗可以广泛传播，抑制了本土物种的生长。

树木可以成为其原产地的象征，如荷花木兰；也可以成为春天的象征，如伊斯坦布尔的南欧紫荆和美国东部的四照花。这些只不过是知名物种中的很小一部分，它们之所以知名是因为得到了大量种植。一些不那么知名的物种获得了“鉴赏家”的美名，它们在全世界的树木爱好者和园艺师中享有盛誉，如珙桐和连香树。

◀ 荷花木兰的培育种小宝石的精美花朵。

欧洲七叶树

Aesculus hippocastaneum

科：七叶树科

简述：最大的开花树之一

原产地：马其顿、阿尔巴尼亚和希腊的品都斯山脉

高度：35 米

潜在寿命：300 岁

气候：寒温带气候至地中海气候

“康克”是在秋季为学童举办的一种游戏。七叶树的种子又大又圆，新鲜时有美丽的光泽，而且上面有一个洞，可以穿在绳子上。参加游戏的一方将穿有绳子的七叶树种子向着另一方的七叶树种子甩去，如果一颗种子裂开或破碎了，那么它的主人就是失败者。这种游戏最初起源于英国，可以在种植这种非常受欢迎的观赏树木的任何地方进行。英国的不同地区有不同的游戏规则，并从一代传给下一代。自 1965 年以来，这项运动有了世界锦标赛，参赛者从世界各地来到英格兰——这反映了这种树的种植范围有多么广泛。学校有时会禁止学生玩这种游戏，因为飞溅出去的种子碎片会伤害学生的眼睛，结果大众媒体却嘲笑校方过度关注健康和安全。

七叶树在全世界的温带地区都有种植，特别是公园和大型庄园。它是温带气候中最大的虫媒树，这意味着对大多数人来说，它是最大的开花树。一棵鲜花盛开的七叶树是初夏时节的壮美风景。花朵凋落后，长满尖刺的绿色果实就出现了。用力打开果实，可以看到光滑的种子躺在柔软的奶油色果肉里。

七叶树属的 15 个种分布在北美和亚洲。七叶树及其近缘种反映了植物学和地质学历史有趣的一面。大约 500 万年前，全球气候较为温暖，七叶树与许多其他热带和亚热带树木在北纬地区很常见。随着气候变冷，大陆分裂，各个大陆上的物种开始彼此隔离。欧洲七叶树被完全隔离开来，植物学家称其为孑遗物种。这意味着它曾经很常见，但现在正处于灭绝的边缘。人们仅在欧洲最偏远的地区品都斯山脉的山谷中发现了欧洲七叶树。16 世纪，法国先驱植物学家卡罗勒斯・克卢修斯（1526—1609）将欧洲七叶树引种到此处，他也参与将许多植物从中东引种到欧洲。

由于吸引人的花朵和果实，七叶树很快就有了多种用途，成为因装饰性而引种物种的早期例子。它投下的浓密的树荫受到了人们的赞赏。在德国南部的部分地区，啤酒庄园主习惯种植七叶树来为冷藏啤酒的地下冰屋遮阴。七叶树的种子被用在许多草药治疗方案中，但人们在纺织业中发现了它们的最大用途。将七叶树的种子压碎后，可以得到一种类似于肥皂的物质。将这种物质与硬度较低的井水混合后，可以洗涤亚麻布。

不幸的是，现在各种害虫和疾病正困扰着这个深受人们喜爱的物种，这引起了专业人士和公众的关注。这些树的内部常常会腐烂，然后突然倒下。最近出现了一种令人担忧的现象，一种采叶蛾（*Cameraria ohridella*）在几个世纪的时间里从品都斯山脉蔓延开来，威胁到欧洲所有人工种植的树木。这种采叶蛾的幼虫以叶子为食，从内部掏空它们。可悲的是，这种威胁可能意味着可以种植的幼苗更少。

◀ 裂开的七叶树果，露出了里面的种子（对页图）；它的花穗通常称为“蜡烛”（下页图）。

伦巴第杨

***Populus Nigra* 'Italica'**

科：杨柳科

简述：一种非常独特的落叶乔木，仅靠人工栽培

原产地：意大利伦巴第

高度：35 米

潜在寿命：100 岁

气候：凉爽的气候，包括大陆性气候和湿润的地中海气候

对许多人来说，树冠狭窄的伦巴第杨就是杨树。在人们的想象中，这种树象征着法国，它们沿着长长的道路和运河整齐地排列着，穿过肥沃的田野，一直延伸到远处的地平线。由近及远，伦巴第杨在我们的视野中慢慢变小，就像一幅透视画。这种树广泛分布在北欧和意大利的部分农村地区。这种树也与法国著名的印象派画家克劳德·莫奈的艺术以及他自 1891 年 2 月开始创作的 25 幅系列画作有关。

伦巴第杨因其原产地在意大利北部的伦巴第而得名。17 世纪，这里的人们选择并培育了一个单一突变种，其枝条整齐地向上伸展，而不像枝条舒展的普通黑样那样。这种杨树很容易繁殖，插入地下的嫩枝都会生根，因此它很快就在欧洲蔓延开来。伦巴第杨向上伸展的枝条形成了圆锥形的树冠，这一点很有用，因为这种树几乎没有树荫，看起来很特别，有很好的防风效果。

在 300 多年的时间里，伦巴第杨的基因发生了几次突变，出现了多个变种，还有杂交品种，其中包括在凉爽的夏季气候中茁壮生长的几种。这种杨树的圆锥形树冠最初因其与地中海柏木相似而受到景观设计师的喜爱，但早已时过境迁，如今人们种植这种树木主要缘于其功能性。像莫奈这样的画家显然被伦巴第杨的造型所吸引。这种树在法国具有象征意义，还经常被用作防风林、地界标识、行道树和庄园入口的指示物。

莫奈在整个职业生涯中都在描画伦巴第杨。1891 年，他对利梅茨村附近的一条河流岸边的伦巴第杨进行了一系列研究，那里距离他在吉维尼的家大约有 2 千米。他从不同的角度，在不同的天气和一年中的不同时间来画这些树木，但大多是从同一个地方进行视察的。在开始创作这个系列作品时，莫奈遇到了一个令他震惊的问题。这些树木是利梅茨居民的公共财产，为了获取木材，他们想要砍伐它们。为了再争取几个月的时间，莫奈和当地的一位木材商从村子里买下了这些树木。他完成这个系列作品后，他的这位临时商业伙伴就把它们砍倒了。1892 年，莫奈开始展览和出售这些画作，简洁的画风引起了评论家的注意，他获得了成功。

另一种具有圆锥形树冠的品种是阿富汗杨，这也是一种极具象征意义的树木，但它们出现在中亚和印度北部的广阔地区，形成了截然不同的景观。阿富汗杨以其银灰色的树皮而著称，在干燥的气候

▶ 伦巴第杨的叶子在微风中飘扬 。

中是一种非常有用的绿洲树木。在这样的地方，人们希望房子周围有几棵树来遮阴，但在田野里，他们不希望树木遮蔽宝贵的农田。种植阿富汗杨是一个完美的解决方案，它们可以作为防风林，也是建筑木材和木柴的来源。在巴基斯坦北部偏远的罕萨山谷等地，阿富汗杨是景观的主要组成部分。而在北欧，伦巴第杨是平原地区景观的主宰。与周围的群山相比，阿富汗杨看起来很渺小，要知道这些山脉是世界上最高的山脉之一。

出于实用性和美学上的考虑，有人可能认为每个人都会喜欢枝条向上伸展的杨树，但事实并非如此。1994 年，阿诺德植物园期刊刊登了一篇题为《最危险的树》的文章，作者 C. D. 伍德讲到这种树流行了半个世纪后就失宠了。素有美国景观设计创始人之称的安德鲁 · 杰克逊 · 唐宁在 1841 年甚至说这种树“令人厌烦和恶心”，但这种树并没有引起很多人反感，此后被继续广泛种植了很多年。在通常情况下，最初的热情会导致树木的过度种植。许多人把伦巴第杨比作地中海柏木。对于试图仿建 19 世纪后期的意大利风格的别墅的富有业主来说，这种树成为了一种时髦的替代品。

随着时间的推移，伦巴第杨显露出了它的缺点。没有什么比大面积种植所引起的问题更突出了。这种树木庞大而又发达的根系能穿透下水道和水管，经常造成堵塞。在美国东海岸潮湿的夏季气候中，伦巴第杨易受多种真菌病害的影响，常常面目全非，寿命大大缩短。因此，目前这种树在美国是比较罕见的。在欧洲，它受欢迎的程度因广泛种植其他杨树而有所降低，那些杨树可以提供更好的木材。

杂交杨树是所有树木中生长速度最快的一种，这对纸浆制造商和希望快速获得回报的土地所有者来说是一个好消息。在大多数情况下，人们将欧洲杨与美国西部的香脂杨（*P. trichocarpa*）杂交。这是第一种进行基因组测序的树木，这一事实说明了其在商业上的重要性。杂交杨树在功能和视觉上都很单一，但是如果我们仍然想阅读纸质书籍，就必须种植这种高效的树木。不得不说的是，这些杂交杨树的防风效果没有伦巴第杨好，因此在很长一段时间内都会有很多风景让我们想起莫奈。

◀ 典型的伦巴第杨防风林。

槐 树

Styphnolobium japonicum

科：豆科

简述：一种落叶乔木

原产地：中国

高度：20 米

潜在寿命：250 岁

气候：从温暖到凉爽的温带气候

这棵树太老了，树干在空中盘旋，需要借助巨大的金属拐杖来托住树干，有些树干甚至是用砖头支撑的。在位于伦敦的英国皇家植物园中，有一棵被称为 “老狮子” 的槐树，它是奥古斯塔公主于 1762 年种植的，是皇家植物园最初种植的树木中少数仅存的明星之一。这棵呈宝塔状的树是 1753 年一位园艺师从中国引种的槐树的一个样本。

槐树在西方非常罕见，美国人正在努力将其作为行道树进行推广，因为它可以忍受干旱、压实的路面、劣质土壤、盐分和污染的影响。但是，他们还有更多性能相同的新品种可以选择。任何肯花时间参观中国公园等场所的人都非常熟悉槐树，尤其是在佛寺中。几个世纪以前，僧侣们将槐树和许多其他中国植物一起带到了日本。在这两个国家中，槐树都被视为草药的来源，特别是对循环系统和心血管系统有治疗效果。

中国人经常种植槐树，以纪念有名望的人。据说，日本人把槐树看作邪灵的住所。在冬季，抬头看看光秃秃的槐树，它们那如爪子般的树枝仿佛在空中抓挠着什么，这时你就不难理解日本人为什么会有这样的想法了。1644 年，农民起义军攻占北京紫禁城，明朝末代皇帝崇祯在一棵槐树上上吊自杀，这进一步扩大了这种树的坏名声。

当地人种植槐树的原因之一是它会在晚夏时节盛开出一簇簇洁白的花朵，此时大多数树木的花期已结束了。在中国东部和日本气候潮湿的地方，夏季是绿色主宰的世界，自然界中几乎看不到其他颜色，任何在此时盛开的花朵都会让人欣喜。通常，树龄在 10 年以上的槐树才开花。近期，通过人工选择，出现了一些在 6 年内开花的品种，从而使这种树更值得推广种植。它们可以美化城市的街道和公园，特别是在美国东部以及气候与此类似的地方。

槐树在中医中有着广泛的用途，包括治疗发烧、高血压、高胆固醇等。然而，今天它很少被使用。最近的研究表明，槐树所含有的一些特有化学物质已被证明具有实用价值。槐木坚固，但并未得到广泛使用。槐木的优良品质使其成为了制作木制家具的理想选择，加工和使用槐木家具在日本是有传统的。

应该说一下这种树的学名，这是所有物种的学名中最难听和最笨拙的学名之一，尤其是与它的旧名 *Sophora japonica* 相比。人们将槐类从苦参属中分出来的原因与其染色体有关。与豆科的大多数物种不同，槐树不能与固氮细菌形成共生关系。新名称并未被普遍接受，显然还没有使用它的需求。大多数植物爱好者和植物学家希望恢复它原来的名字。

◀ 英国皇家植物园中的古槐树。

楸 树

Catalpa bignonioides 与 *C. speciosa*

科： 紫葳科

简述： 落叶乔木，花朵艳丽，枝叶迷人

原产地： 北美

高度： 美国梓树（*C. bignonioides*）为 15 米，黄金树（*C. Speciosa*）为 20 米

潜在寿命： 150 岁

气候： 凉爽的气候

楸树看起来具有热带地区的异域风情，这与它在春末和初夏时节盛开的白色钟形花朵的大圆锥形花序有关。楸树的叶子很大，长约 30 厘米，宽约 20 厘米。如果这种树像花园里的树木那样经常得到修剪，它们的叶子会更大。楸树非常耐寒，在加拿大北部像在南部一样长得很茂盛。那些喜欢在自己的花园中增添一点热带风情的园丁很钟爱楸树。

楸树具有异域风情的原因是它属于主要生长在热带的紫葳科。在北美还有这个科的另外两个种，其中之一是美国凌霄（*Campsis radicans*），其橙色花朵极具异国情调。同一科的植物往往集中在特定区域，这通常取决于气候，但少数植物已经演化出适应不同环境条件的能力，因此它们具有不同的分布模式。楸树和美国凌霄是冰期的幸存者，它们的那些不太适应气候变化的亲缘物种已灭绝（或至少在美国与墨西哥边境以南已灭绝）。大多数温带树木依靠风力授粉，它们的花朵看起来相当普通，而许多热带物种依靠昆虫授粉，演化出了艳丽的花朵，以吸引蜜蜂和其他授粉者。这一点解释了楸树花朵艳丽的原因。

楸树是一种观赏性很强且易于种植的树木，在任何潮湿、肥沃、排水条件良好的土壤中都能茁壮成长，因此它们经常被种植在公园和花园中。楸树的传播能力很强，它们能生产大量的种子，这些种子很轻，很容易离开优雅的长豆荚。在夏末，楸树的长豆荚有很好的装饰效果。豆荚这个名字源于楸树的一个俗名——印度豆荚树，其中的“印度”指美洲印第安人，而不是印度这个国家。

这里，我们关注北美的两个种，但实际上总共有 40 个种。其中，一个种来自加勒比地区，另一个种来自东亚。东亚地区生物的多样性在过去的 6 个冰期内一直保持不变，每个冰期来临时，冰盖都会将北美和欧洲大陆上生长的植物清除干净。楸树的适应能力非常出色，植物学家不确定原产于美国南方的美国梓树和原产于美国北方的黄金树的自然分布。二者作为野生树种并不常见，自然分布仅限于较小的区域，但它们在自行传播方面非常有效，以至于新英格兰地区的一些生态学家担心黄金树进一步传播。考古证据表明，黄金树曾经分布得更广，所以那些生长在路边的幼苗可能只是重返故土。

据说“Catalpa”（楸树）这个名字来自美洲印

◀ 初夏时节，楸树盛开的花朵。

第安部落中的卡托巴人，这种树是他们的象征。这个名字在美国以外的地方已经广为人知，因为这种树既具有异国风情又耐寒，深受园艺师和景观设计师的欢迎（在北方地区的气候下，很少树能开出如此引人注目的艳丽花朵）。金叶美国梓树（*C. bignonioides* ‘Aurea’）也很受欢迎，它和这个属的其他种被英国皇家园艺学会授予花园优异奖。这种树木能很好地授粉，这一事实对它们的生长很有利。宽大的叶片使其成为一种很好的遮阴树。通过截去树梢，业主能够根据他们的要求塑造楸树的形状，尽管这种做法会导致楸树难以开花。

楸树是 18 世纪从北美引入欧洲的众多树木中较为成功的一种。它于 1726 年被引入欧洲，是历史最悠久的幸存者。世界上最古老的楸树位于伦敦附近的雷丁，那里的一处墓地中生长着一棵树龄大约为 150 年的楸树。英格兰还有其他几棵古老的楸树。楸树并没有受到一个世纪后从中国引种的大量植物的影响，这与美国的许多物种的遭遇不同。相反，楸树得到了不断的照料。美国园艺师对楸树的看法与欧洲人不同，因为在气候较炎热的情况下，楸树的花期通常很短，而且会产生大量落叶。几个月后，成堆的豆荚就会从树上落下。楸树在冬天没有吸引力，在秋天的颜色也很单一。

如今，楸木的用处不多，因为楸树的形状不适合切割成又长又直的木材。然而，在先驱时代，幼小的楸树经常作为栅栏的柱子，因为楸木不易腐烂。在 19 世纪 70 年代，许多企业家用楸木制作铁路的枕木，甚至开辟种植园种植黄金树。这是楸树传播到自然分布范围之外的另一个原因。后来的事实表明，楸木太软了，无法承受铁轨的不断撞击。有些人认为楸木的价值被严重低估了，因为其纹路漂亮，膨胀率和收缩率很低，适合雕刻和造船。楸树还有其他用途，可作为楸树蛾等的幼虫的食物。渔民把这种幼虫作为鱼饵，甚至专门种植楸树饲养楸树蛾幼虫。然而，楸树蛾幼虫对于其他观赏树木来说是一种害虫，会毁掉它们的叶子。蛾子很快离开后，那些树木通常会得以恢复，但如果遭到蛾子的连年袭扰，它们就可能枯死。一个奇怪的用途让这种美丽的树木保持在公众的视野中。

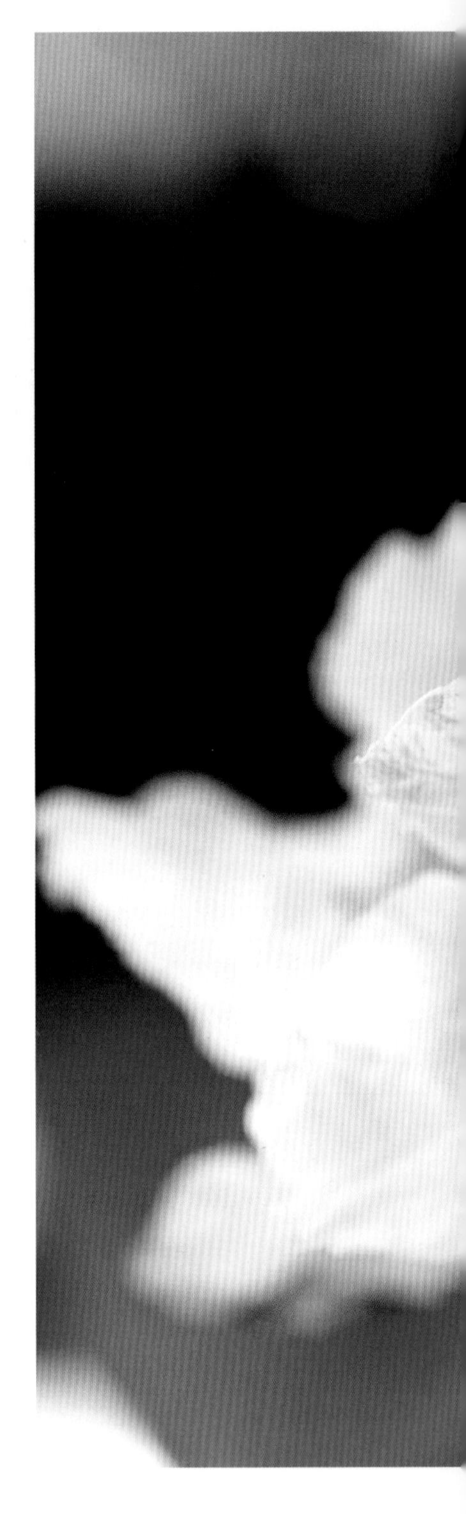

▶ 楸树的花朵，带有指引蜜蜂授粉的纹路。

火焰木

Spathodea campanulata

科： 紫葳科

简述： 一种非常具有观赏价值的热带树，已被引种到很多地区

原产地： 西非的热带地区

高度： 25 米

潜在寿命： 未知

气候： 热带气候

在一棵粗壮的大树上，橙红色的花朵盛开在深绿色的叶子之间，这种景象会给人留下深刻的印象。但是，在巴西的国家公园和所谓的原始森林中看到这样的景象，着实令人费解，因为这是一个非洲物种。欧洲人在黄金海岸（现在的加纳）发现了火焰木，这是最早被种植的热带木本植物之一。19 世纪，火焰木被运往世界各地，种植在热带城市以及定居点的公园和花园中，有时被种植在街道旁。有些人可能会说，火焰木在许多地方（加勒比海、东南亚、澳大利亚的部分地区、夏威夷和其他太平洋岛屿）已经成为一种具有侵略性的入侵物种。然而，与一些外来的入侵物种不同，火焰木似乎对野生动物具有普遍的吸引力。各种各样的昆虫以它为食，充满花蜜的橙红色大花朵可能已经演化出吸引非洲太阳鸟的能力。当然，它们也能吸引美国蜂鸟。

来自非洲的观赏植物较少，非洲缺乏艳丽的花卉，这导致几乎在非洲的艺术中看不到花卉的形象，花卉在非洲的文化中是缺位的。

火焰木存在与其他外来的入侵物种类似的问题：它们在这些受到干扰的地区处于统治地位，于是也会通过带翅的种子向原始森林扩散。不幸的是，它也会通过根扩散至更远的地方，形成新的植株，因此如果我们不对树桩进行化学处理，砍伐是无法解决问题的。

在热带地区旅行时，我们一次又一次看到相同的观赏植物，但热带地区生物的多样性非常高。这种矛盾缘于热带地区在 19 世纪和 20 世纪初经历了戏剧性的全球化，实际上受到了伤害。从以沿海贸易和奴隶制为特征的 18 世纪开始，大部分热带地区遭到了少数欧洲国家的殖民。经济掠夺是殖民者的主要目标，但随着欧洲定居者的到来，人们很快就对观赏园艺产生了兴趣。鉴于帝国主义的全球性特点，如果气候相似，那么殖民者在某一个殖民地上发现的具有较高观赏价值的植物很快就会进入他们所控制的其他殖民地的公园和花园中。尽管在瓜分殖民地的财富方面经常存在一定程度的对立，但各个欧洲国家确实进行了贸易和商品交换，因此受到青睐的观赏植物得到了进一步传播，结果是无论旅行者在热带地区走到哪里，他们都会看到九重葛、火焰树、鸡蛋花（这些是由法国人“发现”的）、雨树（由西班牙人“发现”），以及帝王花和火焰木（二者由英国人引进）。

摆脱殖民统治的国家的人们慢慢发现了当地野生植物的美丽和用途。东南亚似乎在这一方面处于领先地位，其园艺传统实际上早于殖民时代。巴西在

20 世纪后期取得了长足进步，这得益于一位非常成功的花园和景观设计师罗伯托·伯勒·马克思的努力。他曾带领植物学家进入该国的内陆地区寻找植物，以便将其发展成真正的观赏植物。本土物种能够受到病虫害和疾病的制约，从而避免像入侵物种那样造成快速传播的危险。

▲ 一棵盛开的火焰木。

地中海柏木

Cupressus sempervirens

科：柏科

简述：具有重大观赏价值的常绿针叶树

原产地：从意大利到利比亚的地中海地区东部

高度：35 米

潜在寿命：1000 岁或更长

气候：地中海气候，耐寒性强

墨绿色的树木点缀在连绵起伏的丘陵上，它们的身形纤细，尖尖的树梢比成行的玉米和葡萄藤要高一些。这里没有其他植被覆盖。山谷中有一座小教堂，它同样被这种树木所环绕。这也许是在意大利最常看到的风景，在这个国家最具地中海特色的风景中，地中海柏木是不可缺少的角色。在英语国家中，这种树木被称为意大利柏树，尽管它也分布在意大利周边的其他地区、地中海地区西部以及世界上其他气候相似的地区。它的形象还出现在波斯地毯上，因为它在伊朗有着悠久的历史。

地中海柏木容易变异，纤细型的地中海柏木最早源于罗马人的人工选种和培育。今天，铅笔形状被认为是柏树的典型形状，而事实上原始种群中的大多数柏树的冠幅更大。古老的树木可能拥有宽阔的树冠。作为景观中的美学元素、纪念物或实用性地标，这种狭窄的树形具有不可比拟的优点。

地中海柏木对阿拉伯地区的人们来说同样重要。这种尖塔状的树木也出现在当地花园四周的玫瑰墙中，形成了独特的风格。当地的艺术家经常选择地中海柏木作为创作的主题，而风格化的地中海柏木经常出现在陶瓷和地毯上。

很多宗教都认为柏树适合种植在墓地中，它那没有光泽的墨绿色叶子适合寄托人们的哀思，而它在砍伐后无法再生的现象也容易让人们联想到死亡，尽管这是针叶树的一般特征。在葬礼期间，人们有时会焚烧地中海柏木的叶子，散发出特有的香气。关于库帕里索斯的传说赋予了柏树与死亡的联系，库帕里索斯是太阳神阿波罗的挚爱，而他最终变成了一棵柏树。

美国、北欧和英国的园林设计师从未因为与死亡的联系而放弃使用柏树。事实恰好相反，美国的园林设计师完全接纳了柏树，这不仅因为柏树的形状，还因为柏树被认为与古希腊文明有着某种浪漫的关联。然而，在加利福尼亚之外，美国的设计师往往对结果感到失望。这种树非常耐寒（在苏格兰寒冷的东北海岸，阿伯丁有一棵著名的老柏树），但树枝上积雪的重量会导致它们永久变形。在 20 世纪 90 年代，英国的花园和景观设计师开始从意大利大量进口树木，而树木的尺寸比历史上曾经使用的还要大，其中有许多柏树。进入 21 世纪后，柏树折断、弯曲的现象非常普遍。这显然是没有向维多利亚时代的人们学习的结果，他们在 19 世纪 90 年代就喜欢上了意大利风格的花园。虽然维多利亚时代的人们种植的柏树相对较少，但他们很聪明地选择了金带欧洲红豆杉（*Taxus baccata* ‘Fastigiata’），其冠幅更大。

◀ 地中海柏木（上图），以及树叶和球果的特写（下图）。

珙　桐

Davidia involucrata

科： 蓝果树科

简述： 一种落叶乔木，具有独特的装饰作用

原产地： 中国西南地区

高度： 35 米

潜在寿命： 未知，可能为 2000 岁或更长

气候： 湿润的气候

珙桐盛开是一幅真正的美景，甚至连那些对植物不感兴趣的人都会被吸引。每朵花由两片几近纯白色的苞片组成，长达 20 厘米。数以千计的花朵对于一棵树来说意义非凡，在耐寒的温带植物群中，没有什么比这更好的了。苞片在微风的吹拂下轻轻摆动，进一步提高了这种树木的观赏性。花朵凋落后结出的种子如核桃般大小，而且非常坚硬。如果这种果实被顽皮的孩子扔出去，足以使人受伤。

这种具有中国特色的植物背后有一个与它的外表一样吸引人的故事。第一个在野外看到珙桐的欧洲人是法国耶稣会的阿尔芒·戴维神父，他于 1869 年在中国云南发现了珙桐。为了纪念他，人们用他的名字给珙桐命名。戴维将种子送回巴黎，但没有播下，而是将其保存在福尔马林中。爱尔兰植物收藏家奥古斯丁·亨利是一个中国通，他是下一个看到这种树的人，但他没有收集到种子。

在西方人看来，这种树木非常传奇，他们显然需要进行一次特别的考察。詹姆斯·维奇父子当时管理着技术领先的苗圃，他们是在中国西南物种丰富的地区进行园艺考察的主要赞助商。1899 年，E. H. 威尔逊被派去收集植物标本，他被告知找到珙桐是他的第一要务，绝不可分心。像许多植物猎人一样，他在很多方面都毫无准备。他不懂中文，而且与许多其他人和当地的搬运工一样，遭到了土匪的袭击。另外，他还患上了各种疾病，差点淹死在河里。他终于找到了亨利到过的地方，但是发现亨利所说的那棵树已经被砍倒了，附近也没有其他珙桐。威尔逊继续努力，最终在约 600 千米外的湖北发现了大量珙桐。1901 年，詹姆斯·维奇父子的苗圃收到了威尔逊寄来的珍贵珙桐种子，但它们没有发芽，两年后就被丢弃了。结果第二年春天，他们在苗圃中的堆肥上发现了四株幼苗。珙桐终于来到了西方。多年来，人们只在贵族的大花园中看到珙桐，但最近这种树木开始出现在公园里，让更多的人可以看到它。

在科学意义上，珙桐被定义为“并不罕见”，然而你只要看到它开花就会被吸引住。不开花时，珙桐看起来就是很普通的落叶树，大多数人走过时都不会看它一眼。珙桐很容易生长，但种植者需要很大的耐心，因为通常至少要等 15 年才能看到它开花。此外，与玉兰不同，该物种尚未培育出在较年轻时可靠开花的品种。大多数成熟的植株出现在园林和长有茂盛的杜鹃花的酸性土壤花园中。珙桐并不是特别需要酸性土壤，它们喜欢排水条件良好的潮湿土壤。

▲ 一棵盛开的珙桐。

南欧紫荆

Cercis siliquastrum

科：豆科

简述：一种小型落叶乔木，偶尔用作园林观赏植物，因其花朵色彩丰富而得以种植

原产地：地中海地区东部

高度：12米

潜在寿命：未知，可能不到100岁

气候：地中海气候，也耐受凉爽的温带气候

春天，从公园中走过时，你会被一种树吸引。它们的花是粉红色的，但比粉红色的樱花要鲜艳一些。与樱花相比，这种花还带有一种奇怪的蓝色调，因此与大多数粉红色花朵的颜色明显不同。由于叶子在晚些时候才会长出来，所以此时花朵的颜色显得更加鲜艳。虽然这种树木的枝条稀疏，但开出的花朵很多。花朵不仅出现在枝条上，而且出现在树干上。

花开在树干上这种现象通常只出现在热带物种中。仔细观察的话，你会发现南欧紫荆的花的形状与豌豆的花很像，而南欧紫荆确实是豆科的一员。在这个科中，耐寒物种相对较少，因此居住在纬度较高的地区的人们往往只熟悉非木质的“豌豆”。在世界上较温暖的地区，还有豆科的许多成员。

知道这种树的名字的人常常会问，它们为什么又叫“犹大树”？传说耶稣的门徒犹大将他出卖给罗马当局后，因悔恨而将自己吊死在一棵南欧紫荆上。大多数树木专家说这不太可能，因为这种树的木头很脆，而且植株很小，如果犹大试图在这种树上吊死自己，他很可能会摔倒在地上，只留下几处瘀伤。南欧紫荆的名字源于它的一处发现地——朱迪亚（Judaea），此地位于以色列和巴勒斯坦附近。南欧紫荆是欧洲早期引进的物种之一，朝圣者将它的种子从圣地带了回来。为这个新物种编一个好故事很有吸引力。

土耳其的伊斯坦布尔有许多南欧紫荆。在那里，它们是春天的象征，就像日本文化中的樱花一样。中东传统美食中有许多来自灌木和乔木的食材，这些食材因略带酸味而被选用。南欧紫荆就是其中之一，你可以在餐桌上欣赏其美丽的花朵——它们是可食用的，味道酸甜。年底，南欧紫荆上会挂满不可食用的“豆子”，惹人注目的铁锈色豆荚表明这种树属于豆科。

南欧紫荆在地中海以北的欧洲地区不太常见。由于有些娇嫩，它们过去只生长在避风和朝南的地方，而且多出现在大花园中，通常靠近大房子的墙壁。以前，南欧紫荆很稀有，似乎是业主身份的象征，尤其是它们的种子是从圣地带回来的。几十年来，温暖的天气导致西欧种植了更多的南欧紫荆。

近年来，人们发现了南欧紫荆的一个北美亲缘种，它们的花朵非常相似，但后者的种植范围更广泛。在美国东部和加拿大邻近地区的林地中徒步旅行时，你可能会惊讶地看到森林深处有一棵开满鲜艳的粉红色花朵的树。这是加拿大紫荆（*C. canadensis*），它与南欧紫荆非常相似，通常生长在森林树冠下。

加拿大紫荆更适合北美地区的花园和景观，它有一个带有深红色叶子的栽培种，在欧洲和北美的园艺贸易中非常受欢迎。对于气候凉爽的地区的园艺师来说，南欧紫荆可能相当陌生和罕见。

◀ 一棵开花的南欧紫荆（上图），许多花直接开在树干上（下图）。

荷花木兰

Mangolia grandiflora

科：木兰科

简述：大型常绿乔木，作为观赏植物在世界各地广受欢迎

原产地：从美国弗吉尼亚州到佛罗里达州，再到得克萨斯州

高度：25米

潜在寿命：大约300岁，可能更久

气候：暖温带气候，也适应冷温带气候和亚热带气候

1989年上映的影片《钢木兰》（*Steel Magnolias*）容易让人联想到甜美、艳丽而又非常坚韧的事物。在影片中，荷花木兰象征着女性的性格，尤其是美国南部的一些女性的性格。荷花木兰确实是美国南方的特色树种之一，常被种植，其象征意义在当地文化中有着广泛的影响。

这种树有光泽的大叶子吸引了早期的欧洲探险家，它是种子最早被送到大西洋彼岸的美洲本土物种之一。18世纪20年代，英格兰开始种植荷花木兰。当时那里栽培的常青树很少，一种新树的出现在园艺协会中引起了轰动，其叶子比冬青、圣栎树和黄杨（当时花园中最常见的树木）更大、更好看。那时的冬天更冷，人们对来自大西洋另一边的这种新树木的耐寒能力不抱有太大的期待。因此，人们将这种树木种植在靠近房屋南墙的地方（这里相对温暖），并且在寒冷的天气里经常给它们罩上保温套。随着时间的推移，人们发现这些树木显然可以很好地度过冬天，但将它们种植在靠近房屋南墙的地方的传统被保留了下来。在大多数情况下，这些早期的植物会得到修剪，紧靠房屋的墙壁，但有时它们会逃避修剪，长出完整的树形，看起来相当别扭。它们的根扎在建筑物的地基上，冷不丁出现的大片白色花朵多会使参观者大吃一惊。

◀ 加利福尼亚州萨利纳斯种植的荷花木兰，作为行道树。

在世界上气候温暖的其他地方，荷花木兰从19世纪开始得到广泛种植，成为一种深受人们喜爱和分布广泛的观赏树。人们种植荷花木兰的目的主要是赏叶，因为花朵往往很少，并且整个夏季开花的时间没有什么规律，这与大多数在春季或夏季大量开花的玉兰不同。纯白色花朵宽达25厘米，气味浓郁而独特，带有明显的柠檬味，充满异国情调。

荷花木兰与美国南方有着密切的联系，曾被南方军队用作象征物。正如《钢木兰》那样，这种象征意味在今天仍然很强烈。长期以来，用荷花木兰的花制作花环一直是美国南方的特色，现在有更多可用的玉兰品种，制作花环和其他装饰品的潜力相当大。用于制作花环的玉兰品种与典型的玉兰不同，它的叶子更小，上表面光滑，背面长有一层厚厚的绒毛，色彩丰富，从红棕色到浅黄褐色都有。一旦叶子变干，制作好的花环可以保存数月。

在欧洲人在美洲定居之前，荷花木兰的分布范围相对有限，因为它非常不耐火。由于美国南方大部分地区的树木以长叶松为主，这是一种耐火树木，它们把荷花木兰挤到了河岸和其他潮湿的地方，尽管后者也不喜欢潮湿的环境，绝对不是湿地植物。荷兰木兰现在遍布全球的公园和花园，这是一个受益于人类栽培的物种。

吉野樱（东京樱花）

Prunus × *yedoensis* 及相关种类

科：蔷薇科

简述：一种小型落叶乔木，可能是最受欢迎的开花树木

原产地：东亚

高度：12 米

潜在寿命：通常 50~100 岁，在日本少数树龄超过 1000 岁

气候：冷温带气候

从一大早开始，人们就忙着将蓝色塑料布铺在地上，然后在其上面铺上地毯。每块塑料布都带有一个小标志，上面写着名字。这些是为花见（字面意思是“赏花”）准备的。当天晚些时候，家人们带着食物和饮料到来，庆祝活动就开始了。花见是日本一年中最受重视的活动之一，是集体欣赏自然美景的机会，也是思考某些事情的机会（日语中叫作物哀，意思是“见物思悲”，特指短暂、美丽的悲伤）。樱花的花期持续约 10 天，然后散落成淡粉色的花雨。自 20 世纪初以来，人们为赏花在西欧和北美广泛种植樱花。

日本人种植樱花的历史悠久。相传在公元 408 年，天皇在宫殿里喝清酒时，一朵樱花飘落在了他的杯子里。他的家臣被派出去查看，他们回来报告说在附近发现了一株樱花。这应该是在冬季开花的早樱花——十月樱（*Prunus subhirtella* var. *autumnalis*）。到了公元 7 世纪，距京都不远的佛教中心吉野寺开始种植樱花。僧人们在吉野寺下方的山谷中种植了数千株樱花，后人继续在此种植，今天大约有 30000 株樱花。种在矮坡上的树木会先开花。

◀ “浅野”是日本樱花中的重瓣品种。

日本的樱花大多数是染井吉野樱（*P.* × *yedoensis* ‘Somei Yoshino’），淡粉色的单花看起来几乎是白色的。这个特殊品种是在 19 世纪中叶用吉野樱培育出来的，这是一种起源有些神秘的植物，是在日本、韩国和中国发现的两个品种的杂交种。虽然这个品种在日本占主导地位，但日本在江户时代（1603—1868）培育了大约 200 个樱花品种。在 1868 年明治维新之后，许多樱花品种几乎消失了，少数爱好者收集了他们能找到的樱花品种。几十年后，来自美国和欧洲的植物学家和植物收藏家正是从他们的收藏中开始引种和培育樱花的。在日本以外的地方，现在只有少数品种真正得到了广泛种植，而染井吉野樱实际上并没有那么普遍。

在一些迷恋日本文化的美国人的努力下，引种日本樱花在 20 世纪初成为了一种潮流。伊丽莎·西德莫尔是一位曾在亚洲旅行的记者，而戴维·费尔柴尔德是一位植物学家和植物猎人，他在大豆（也来自东亚）的引种中发挥了作用。费尔柴尔德引种了一系列樱花品种，检验它们的耐寒性。1908 年，他在华盛顿特区组织了一次植树活动，数百名学童参加种植樱花。

1912 年，东京市长向华盛顿特区捐赠了 2000 株

樱花幼苗。由于严重的病虫害，双方经过讨论，决定将这些幼苗全部烧毁。日本人理解这种做法，同年又送来了6000株健康的幼苗，其中大约一半种植在波托马克河岸和华盛顿的其他地方，其余的种植在纽约中央公园中。随后，樱花的引种持续进行，一些直接来自日本的苗圃，另一些是由欧内斯特·亨利·威尔逊等探险家在日本旅行时收集的。

英国植物猎人科林伍德·英格拉姆对樱花非常迷恋（他因此被称为英格拉姆樱花）。在1926年的日本之行中，他看到了一张照片，其上的白樱花非常漂亮。日本人告诉他，这种樱花在多年前就已经灭绝了。英格拉姆认出这是他在英国苏塞克斯的一个花园里看到的一棵树。这棵树是在18世纪从日本引种的。他通过扦插方式进行繁育，大白樱花得到了挽救，然后被重新引入日本。

樱花品种经历了数个流行阶段。例如，非常亮丽的粉红色关山樱在20世纪30年代在英国首都的郊区得到了广泛种植。英格拉姆认为樱花种植得太多了。“它们以令人作呕的频率炫耀它们的华丽。”他写道。这些树的寿命很短，现在正在迅速消失，大部分被花朵颜色较浅的品种所取代，例如黄绿色的乌孔樱花 。

► “樱花漫步”是公园中的一个深受欢迎的休闲娱乐项目。

垂　柳

Salix babylonica 与杂交种

科：杨柳科

简述：落叶乔木，种植历史悠久的观赏植物

原产地：中国北方的黄河流域

高度：25 米

潜在寿命：50~70 岁

气候：凉爽的温带气候，偏爱大陆性气候

一棵俯瞰河面的大垂柳是许多人童年回忆中的画面。我们生活的地方的公园中经常就有这样的一棵垂柳，它经常出现在我们的回忆中，甚至是我们回忆的主要对象。对于孩子们来说，垂向地面的枝条就像一道绿色的窗帘，能提供无尽的遐想。

垂柳的起源有些神秘，因为涉及几个不同的物种，情况比较复杂。在遗传学和分类学上，柳树远比其他物种复杂。我们几乎可以肯定，垂柳最初没有低垂的枝条，后来发生了基因突变。通过丝绸之路，垂柳向西方传播。在中国，柳树很快就成了一种分布广泛的景观树，很受欢迎。柳树的图案经常出现在瓷器上。在西方，直到 17 世纪末，垂柳才为人们所知，生长在现在土耳其和叙利亚的部分地区，相关文献对此有所记录。后来，垂柳被引种到了西欧。英国诗人兼园艺师亚历山大 · 波普和园艺师查尔斯 · 布里奇曼推动了这种树木在 18 世纪的流行。现代的花园和景观设计师对垂柳不屑一顾，因为他们认为这种树木已被滥用，过于俗气。

“*babylonica*”这个种加词的使用不当。瑞典植物学家林奈根据《圣经》将其命名为“babylon”。其实，这是一种误译，该词在希伯来语中指犹太人流放地的杨树，而不是柳树。这种植物在中国西藏和塔吉克斯坦有几种不同类型。在欧洲，垂柳与其他柳树的杂交品种能够适应更加潮湿的气候。垂柳很容易因感染多种真菌而患病，但这种现象在中亚干燥的沙漠地带很罕见。西方栽培的垂柳大多是北美垂柳（*Salix × pendulina*）和欧洲白柳（*S. × sepulcralis*）。金垂柳是后者的一个品种，长有金色的幼芽。

垂柳受欢迎的一个原因是它易于繁殖。像其他柳树一样，将垂柳的枝条插在地上，它们很快便会发芽。许多人在种植垂柳时都缺乏远见，垂柳发达的根系会伸入下水道中，将其堵塞。砍倒一棵垂柳并不能解决问题，因为树桩会重新发芽。如果想彻底清除这个麻烦，就必须用除草剂进行处理。垂柳往往会长得很大，所以它们只适合种植在大型花园和公共场所中。

英国有一个关于垂柳起源的故事。亚历山大 · 波普插下了一段柳枝，这段柳枝是从装有从土耳其进口的无花果的篮子上取下的。这样的树枝通常不大可能成活，但这个故事很好地体现了垂柳容易繁殖的特点，也反映了很多重大事件在某种程度上是偶然发生的，而不是计划的结果。这类故事通常与浪漫的名人（如诗人和艺术家）有关，而不是寂寂无闻的普通旅行者。然而，垂柳在英国有了新家。毫无疑问，这种树木的广泛种植改变了许多地方的景观。

▶ 垂柳常常出现在水边。

雨 树

Albizia saman

科：豆科

简述：大型常绿乔木，也是最壮丽的行道树之一

原产地：从墨西哥南部到巴西北部

高度：高达 20 米，冠幅远大于高度

潜在寿命：几百岁

气候：湿润和季节性干旱的热带气候

板球比赛正在进行中。击球手占据的位置很好，非常隐蔽，他就躲在广场拐角处的一棵大树低垂的树枝中。另外两场板球比赛在远离树荫的尘土飞扬的空地上进行。树下有一个书摊，一些身着印度南部传统服饰的人正在与另一些人进行激烈的争论。在巨大的树冠下，有一对乞讨的母子，一群热得满脸通红的欧洲游客正在翻阅一本旅行指南。另外，还有一个卖廉价耳环的男人。当地餐馆的一位老板正在向行人分发小广告。树下似乎聚集了各种各样的人，还有许多令人惊讶的植物，从粗短的树干上伸展出来的树枝上至少生长着三种蕨类。

这种特别的雨树生长在印度南部喀拉拉邦的科钦，这是来自南美的一个物种。它们作为遮阴树的实用性很早就得到了人们的认可，尤其是英国人，他们大范围种植这种树木。除了英国，新加坡也是雨树之乡。新加坡机场外的一条长长的迎宾道两旁有很多雨树，许多街道和公园里也有这种树木。雨树的冠幅通常比其高度大，可达 80 米，是理想的遮阴树。农民还利用雨树的树荫保护咖啡、香草、可可和肉豆蔻等作物免受阳光的直接照射。

◀ 雨树的树冠（上图）、叶子（左下图）和花（右下图）。

雨树似乎具有慈悲的胸怀，往往有大量的植物附生在它们身上。利用向四周伸展的树枝、树枝的分叉以及粗糙的树皮，这些附生植物在距地面 10 米以上的空中建造了一座自然花园。

新加坡是一个 “花园城市国家”，当地人利用园艺和生态技术将全国各地的绿色空间连接起来。大至自然保护区，小到路边的绿地，一切都经过了精心设计。通过让雨树形成一个个植物群落，新加坡人表达了自己对自然的崇敬。在新加坡的中央购物区，可以看到一幅美妙的景象，背着昂贵的背包的消费者走在长满蕨类和兰花的雨树下，每一棵树都是一个小型生态系统。

雨树属于豆科。像该科的许多其他物种一样，雨树的叶子会动，这着实让人惊讶。这种豆科植物的小叶在雨中会向内折叠，它因此而得名。在马来语中，雨树被称为“Pukul Lima”，意思是“五点钟的树”。毛茸茸的花朵呈粉红色或黄色，布满花粉的雄蕊位于其中。树上长出的大豆荚清楚地展示了这种树木与豆科的关系。与长角豆相似，雨树的豆荚包含有甜味的果肉。这种树木的木材具有迷人的纹理，但难以加工。对于这种植物的生存来说，这倒是最大的优点。

大花四照花

Cornus florida

科：山茱萸科

简述：小型落叶乔木，观赏植物

原产地：加拿大东南部到海湾地区

高度：10 米

潜在寿命：80 岁

气候：寒冷至温暖的温带气候

大花四照花那又大又白的花朵一下子就会引起人们的注意。仔细观察的话，你会发现，与其他大多数花相比，这种花看起来相当奇怪，它们的花瓣似乎很坚韧，包围着一个奇怪的、多节的结构。事实上，这些不是花瓣，而是被称为苞片的叶状结构，而中间的那个多节的结构是一簇非常小的花朵。与每一朵单花都有引人注目的艳丽花瓣的其他植物相比，大花四照花吸引授粉昆虫的策略完全不同。然而，它并不孤独，演化出这种模式的植物还有绣球、大戟和叶子花。

大花四照花是一种小型树木，通常分布在林地边缘和小树林中。如果森林覆盖率不太高，有时它也可以作为林下树种。大花四照花在春天开花时的景象非常壮观，因此它已成为花园和公园中非常受欢迎的物种。大自然总是给人惊喜，从野外为我们筛选出了很多色彩鲜明的模式，并通过苗圃业进行分配和命名。“切诺基勇敢”是大花四照花的一个栽培种，花朵为深粉色。“秋金”有一种秋天所特有的美丽的黄色，“切诺基日落”有杂色的树叶。在阿巴拉契亚山脉中，一座苗圃坐落在田纳西山的山麓上，其中种植有名字中带有“切诺基”的品种。这些品种都经过了人工培育，然后在植物种植者权益组织注册。这是一种为苗圃提供专利保护的制度形式，以保护他们在培育新物种方面的投资。

日本四照花（*C. kousa*）是另一个非常相似的物种，同样是长有亮丽苞片的小型树木。日本四照花来自东亚，离大花四照花的原产地北美东部很远。这是植物学家所说的间断分布的一个很好的例子。我们在很多物种中都能看到这种情况。在美国东部工作的亚洲植物学家，特别是在阿巴拉契亚山脉南部工作的人都会有一种熟悉的感觉。在韩国和日本东海岸工作的美国人也有这种感觉。间断分布现象在两个多世纪前就有文献记载，此后一直被人们广泛讨论。奇怪的是，北美西部没有四照花。这些地区共有的植物很多，其中亚洲和北美东部共有的植物更多。现在人们认为，在第三纪，植物可以通过连接亚洲和美洲大陆的陆桥进行传播，但随后落基山脉的形成和美国西部的地质变化使那里的大部分植物都灭绝了。

今天大花四照花面临着一种疾病——炭疽病的威胁，这种疾病于 20 世纪 70 年代首次在纽约地区爆发，现在已经广泛传播，对高海拔地区的野生树木的影响尤其严重。育种者一直在尝试培育抵抗这种

▶ 一棵比较古老的大花四照花。

疾病的品种供花园使用。日本四照花是一个广泛种植的品种，因为它对这种疾病有抵抗力。在花园中采取良好的措施（如防止干旱和内涝），有助于避免植物感染这种疾病。但是，病害是植物生活的一部分。与 20 世纪纪初几乎使美国板栗灭绝的板栗病不同，这种病害似乎完全源于自然界。

随着抵抗能力的发展，大自然最终会解决这个问题，但树林中的大花四照花可能需要一段时间才能像以前一样普遍。这就是在家里种植它们的理由。

银 荆

Acacia dealbata

科：含羞草科

简述：常绿花木，在某些地方是一种让人讨厌的杂树

原产地：澳大利亚东南部

高度：20 米

潜在寿命：30 岁

气候：地中海气候，以及冬季气温在零下 12 摄氏度以上的温带气候

在二月的北欧城市里，一棵开满鲜艳的黄色花朵的树会给人带来大大的惊喜。大多数欧洲人很容易由此将法国里维埃拉和澳大利亚的物种联系在一起。但是，大城市的气候明显比郊区和农村温暖，气候变化使许多城市的冬季更长，而且不那么寒冷。随着银荆种植得越来越多，在冬季结束时的以几周里，它们那惹人注目的颜色会深深地吸引住路人的目光。不开花时，这种树木裂开的叶片看起来有点发灰和暗淡。

银荆是相思树属中最著名的物种，该属包含大约 1300 个物种（许多植物学家希望将该属分开，以便于管理）。银荆绝对不是最耐寒的物种 [这一荣誉属于塔斯马尼亚的帕塔切基相思树（*A. pataczekii*）]，但它易于生长，而且开出的花朵很漂亮。“易于生长”是一种保守的说法，这种典型的先锋树已经入侵了大片土地，在地中海周边地区、印度、马德拉群岛和非洲的部分地区占据了当地本土物种的生存空间。用生态学家的话来说，这是一个典型的“外来入侵物种”，它会大量传播，占据任何可以利用的空间，然后迅速生长。在自然环境中，这种树木会占据被火灾清除了其他物种的土地，并随着时间的推移被其他寿命更长的物种所取代。但是，这个入侵物种的传播通常是由人为因素引起的。在一些地方，喜欢银荆的黄色花朵的人有时会在温室或其他封闭的空间里种植银荆。那里的气候太冷，银荆无法在室外生长。但是，像许多先锋植物一样，银荆的寿命很短。银荆的生长速度很快，以至于不可能被修剪成人们想要的样子。这一点很令人无奈。合适的做法是将银荆种植在室外温暖的地方，希望它不会过度生长。

植物疯狂生长并不总是一件坏事。法国里维埃拉的居民喜欢在高速公路两旁和荒地上种植这种树木，因为这有助于保持该地区的特色。19 世纪，喜欢园艺的英国贵族从澳大利亚引进了这种树木。它们在新兴的旅游胜地法国海岸度过冬天后，就被带到了新家。巴黎丽兹酒店中酒吧的工作人员甚至将一种由橙汁和香槟调制的鸡尾酒命名为银荆。当地居民和游客将这种树木的黄色花朵视为冬天即将过去的明确标志。一个很自然的愿望就是把这种花剪下来装饰房间，更好地欣赏它们怒放时的样子和迷人的香味。但是，这种花凋谢得太快了，当成千上万朵小花凋落时，会把家里弄得一团糟。如果将花朵放在温度

▶ 银荆是地中海地区的典型树木，以鲜艳的黄色花朵（下页图）闻名。

为 22~ 25 摄氏度且湿度较高的房间中保存一天，它们最多能开 9 天。在一个世纪前，一位洗衣女工发现了这一事实。自从这一秘密被发现之后，这种树木就得到了商业开发，人们将花朵剪下来，经处理后出口到欧洲的其他地区。这个“澳大利亚入侵物种”已经成为了当地文化的一部分，当地为之举办一年一度的“银荆节”。游客可以沿着一条小径穿过里维埃拉的城镇和村庄，最后来到博尔姆莱米莫萨。这是一个可以追溯到 11 世纪的村庄，1968 年采用了新名称。

鸡 爪 槭

Acer palmatum

科：槭树科

简述：小型落叶乔木，深受家庭园艺爱好者喜爱

原产地：日本、韩国、俄罗斯远东地区

高度：15 米

潜在寿命：最长约 300 岁

气候：凉爽的温带气候

植物园的停车场里停满了车辆，人群消散在林间。鸡爪槭周围的地面非常泥泞，人们必须铺设垫路板才能穿过。大人们站着欣赏树木，拍照留念，而孩子们则跑来跑去捡树叶，比比谁找到的树叶的光泽最亮。

秋天，当叶子展现出绚丽的色彩时，鸡爪槭可能是最受欢迎的树木之一。在一些园林和花园中，鸡爪槭具有很高的观赏价值，尤其是在本土树种的色彩暗淡的西欧地区。美丽的秋色首先取决于气候，温度必须急剧下降才能引发化学反应，导致叶子呈现出鲜艳的红色、橙色或黄色。另外，遗传因素也在其中发挥着作用，色彩鲜艳的树木往往生长在最有可能使其保持鲜艳色彩的气候带。原产于北美东北部和东亚的槭树无论种植在哪里，都会为秋季贡献最美丽的色彩。相比之下，北美橡树在西欧的表现从来没有在它们的家乡的表现好。

对于鸡爪槭来说，秋天是其生命中最绚烂的季节。从叶芽展开到叶子落下，鸡爪槭都很美。如果说每片雪花都是独一无二的，那么鸡爪槭的每片叶子的图案也是独一无二的。这种对比虽然有点夸张，但这确实可以让我们了解鸡爪槭叶子图案的丰富程度。鸡爪槭有 3 个亚种，它们之间的差异很小，然而每个亚种在个体层面上的变化很大，如植株的大小、分枝模式、叶子的大小、叶子裂片的数量、叶子的颜色等。最重要的是，每片叶子裂开的程度都有差异，有的轮廓很简单，有的则呈羽状。

不同个体之间存在的差异使鸡爪槭成为一种“收藏植物”。日本有一个传统，人们寻找特定植物物种的变异，并对其进行分类、命名和展示。在江户时代，鸡爪槭的大量品种得以命名和传播。这意味着在 19 世纪 60 年代，日本的苗圃能够将大量幼苗出口到北美和欧洲。日本人的“发现”引发了西方人对于日本事物的狂热，日式风格的园林在 20 世纪初开始兴起。鸡爪槭是那个时期建造的园林的核心。我们可以在大型乡村花园中看到这一时期种植的鸡爪槭，它们通常与杂草丛生的假山一起出现，有时旁边还有一丛丛竹子。这些假山是之前日式风格的园林的一部分。我们很少在这些园林中看到石灯，它们可能是在 1941 年日本和盟军之间的战争爆发后被丢弃了。

在不列颠群岛凉爽多雨的西部，可以找到许多优良的槭树，这与夏季炎热潮湿的日本大不相同。在日本，槭树是林下树种，生长在柳杉、松树和栎

▶ 这些树枝弯曲的树木是典型的鸡爪槭。

树的树冠之下。在阳光直射和有风的地方，娇嫩的叶子很快就会枯萎。它们生长在浅浅的树荫下，阳光被其他生长速度较快的树木所遮掩。在凉爽的夏季气候中，它们也可以在阳光充足的地方生长，不被其他树木包围，因此可以充分发挥它们的潜力。

直到 20 世纪 90 年代，鸡爪槭一直相当昂贵。它们的生长速度缓慢。为了确保幼苗叶子的图案与亲代一致，它们必须通过嫁接的方式进行繁殖。随着 20 世纪末欧洲和北美园艺的兴起，人们发现了一种成本更低的种植方法：从一棵理想的树上收集大量的种子，然后立即播种，等到次年春天到来后，把合适的幼苗移栽到他处并出售。被命名的新品种超过 1000 种。许多园艺师并不真正关心他们在花园中看到的漂亮植物是否有名字，只要它们能继续在花园里生长即可。

购买鸡爪槭的人会得到什么？通常，他们会得到一棵生长缓慢的小树。随着时间的推移，它们会长到合适的尺寸。有些品种要小得多，羽毛枫系的叶子非常细小，生长速度很慢。它们只不过是灌木，叶子呈绿色或紫色。镰形枫系是矮生树种。Karaorishiki 的叶子是杂色的，这个名字可以追溯到 1745 年，但今天专家们并不确定它所指的是哪个品种。Kandy Kitchen 的叶子呈青铜色，有一个有趣的辨别技巧，那就是它在整个季节不断生长，新长出的部分呈亮粉色，那是花朵的颜色。“乌川”新长出的部分也呈粉红色，但仅限于春季。“笠置山”新长出的部分呈砖红色，至少在阳光下看起来是这样。鸡爪槭的确是让收藏家痴迷的植物。

◀▲ 矮化品种紫红鸡爪槭的花朵和叶子。

连 香 树

Cercidiphyllum japonicum

科：连香树科

简述：一种非常美丽而雄伟的落叶乔木，在大花园中很受欢迎

原产地：中国东南部和日本

高度：45 米

潜在寿命：数百岁

气候：从温暖到凉爽的温带气候

空气中有一股焦糖的气味，似乎又有点像肉桂。不管怎样，反正有点甜。附近真的有人在做太妃糖吗？秋天，人们在连香树周围嗅着空气、一脸疑惑的情况并不少见。这种气味源自这种美丽而独特的大树的叶子。落叶乔木的叶子在秋季开始变色，其中涉及很多复杂的化学反应，一些化合物被回收和储存，另一些则被丢弃。出于某种原因，这个物种在这个过程中会产生麦芽糖，这是一种我们熟悉的糖类。据了解，没有其他树木能做到这一点。

没有其他树能玩这个把戏，也许并不令人惊讶。连香树在分类学上是一个单属：连香树科只有两个物种，没有其他成员。这种孤单的地位源于这种树非常古老。化石证据表明，连香树自白垩纪以来就一直存在。像木兰和水杉一样，这也是一个古老的科，而且曾经在亚洲和欧洲广泛分布。它的所有其他近缘种很可能都已经灭绝，仅存的两个种分布在中国东南部这座活体自然博物馆（这里是很多古老植物物种的故乡）中以及日本的中部和南部。在中国西南部的四川省，植物猎人和探险家 E. H. 威尔逊早在 20 世纪初就发现了连香树。

日本种植连香树的历史很长，这种树木在 19 世纪后期传入西方，由托马斯·霍格引入北美。他在 19 世纪 60 年代和 70 年代被任命为驻日本的外交官，与兄弟詹姆斯一起经营一座苗圃。詹姆斯留在美国，用托马斯寄给他的种子培育植物。他们当初种植的一些植物仍然可以看见，其中包括一些具有多个树干的大树，它们的树枝向上和向外拱起。拱形树冠这种性状在“钟摆”这个品种中得到了进一步发展，它们具有独特的下垂枝条，是在水边种植的垂柳的一个很好的替代树种。这种性状在“红宝石”这个品种上的表现有所减弱，其树枝向上伸展，整棵树呈明显的圆柱状，叶子在整个夏天都呈粉红色。对于那些想要赏叶而只有一个小花园的人来说，矮化品种“海伦斯伍德的地球”是一个不错的选择。

花并不重要，这种树木的叶子深受欢迎。圆圆的叶子看起来令人舒畅，叶柄处有一个凹陷。叶子在春天呈粉红色，长大后变成暗绿色，然后在秋天变成美丽的黄色至橙棕色，并伴随着一种难以形容的好闻的太妃糖气味。

如此美丽的树木值得我们花更多时间去观赏，但是它也有挑剔的一面，只生长在潮湿的、厚厚的土壤里，而且最好是酸性土壤。像许多其他树木一样，种植在酸性土壤里的连香树在秋天的颜色更漂亮。在大花园和私人园林中，连香树常常与玉兰和成年杜鹃种植在一起。这种树木应该得到更广泛的种植，以便让更多的人去观赏。

▶ 连香树在秋天的美丽色彩。

致 谢

为了本书的写作，我曾到全球各地旅行，进行了广泛的研究，以便选择最适合在本书中介绍的树种。在书中所用插图的拍摄过程中，我得到了相关组织和个人的慷慨帮助。有些人提供了某些树木的位置信息，有些人给予了我热情的款待。在这里，我感谢以下组织和个人。

英格兰

Trewithen Estate, Cornwall

The Bournemouth Tree Trail, Dorset

Sheila Jones, Bournemouth, Dorset

Kerry Bradley, Beckford, Gloucestershire

Peter Gregory, Cirencester, Gloucestershire

Dan Crowley, Westonbirt Arboretum, Tetbury, Gloucestershire

Mary and Nick Brook, Ampfield, Hampshire

Kevin Hobbs of Hillier Nurseries Ltd., Romsey, Hampshire

Wolfgang Bopp, Hillier Arboretum, Romsey, Hampshire

David Redmore, Lancaster, Lancashire

Barbara Latham, Lancaster, Lancashire

Zoë Smith, Quintessence, London

Tony Kirkham and Elizabeth Warner, The Royal Botanic Gardens,

Kew, London

Lord Howick, Howick Hall Arbo retum, Northumberland

Jane and John Lovett, Wooler, Northumberland

Lord Lansdowne and staff, Bowood Estate, Calne, Wiltshire

Jim Buckland and Sarah Wain, West Dean Gardens, West Sussex

苏格兰

Peter Baxter, Benmore Botanic Gardens, Dunoon, Argyll

Thea Petticrew, Rozelle Park, Ayr, Ayrshire John and Jean

Dr Iqbal Malik and staff, Ayr Hospital, Ayrshire

McGarva, Barr, Ayrshire

John and Sally Anne Dalrymple–Hamilton, Bargany Estate, Ayrshire

Lady Jane Rice and Head Gardener Will Soos,

Dundonnell

Richard Baines, Logan Botanic Gardens, Dumfries and Galloway

Sarah Troughton and staff, Blair Castle and Estates, Perthshire

Henrietta Fergusson, Killiecrankie, Perthshire

The Forestry Commission

爱尔兰

Carmel Duignan, Dublin

Ballyfin Demesne, Co. Laois

Brendan Parsons, Earl of Rosse, Birr Castle, Co. Offaly

Sarah Waldburg, Rathdrum, Co. Wicklow

Powerscourt Estate, Enniskerry, Co. Wicklow

Mt Usher Gardens, Ashford, Co. Wicklow

西班牙

Jardín Botánico–Histórico La Concepción, Malaga

Chris and Ann Hird, Malaga

Lindsay Blyth, Malaga

Heulyn Rayner, Periana

Felicity Wakefield, Periana

意大利

Jeanette and Claus Thottrup and staff, Borgo Santo Pietro,

Chiusdino, Siena

The Abbey of St Galgano, Chiusdino, Siena

新加坡

Dr Nigel Taylor and staff, Singapore Botanic Gardens

Sungei Buloh Wetland Reserve

开曼群岛

Wallace Platts, Cayman Brac

Lynne and George Walton, Cayman Brac

Ann Stafford, Grand Cayman

John Lawrus, Queen Elizabeth ll Botanic Park, Grand Cayman

Gladys Howard, Little Cayman

Brigitte Kassa, Little Cayman

美国

Greg and Dawn Reser, San Diego, CA

Bruce Martinez, Kim Duclo, Mario Llanos and team, Balboa Park

San Diego, CA

Susan Van Atta and Ken Radkey, Montecito, CA

Santa Barbara Botanic Gardens, CA

Rodney Kingsnorth, Sacramento, CA

Muir Woods, Mill Valley, CA

The Trail of 100 Giants, CA

Ancient Bristlecone Pine Forest, Big Pine, CA

Michael Dosmann and staff, Arnold Arboretum, Boston, MA

Ben Byrd, Lakeview Pecans, Bailey, NC

Margo MacIntyre and staff, Coker Arboretum, Chapel Hill, NC

Brienne Gluvna-Arthur, Camellia Forest, Chapel Hill, NC

Sarah P. Duke Gardens, Durham, NC

Historic Oak View County Park, Raleigh, NC

Helen Yoest, Raleigh, NC

Erin Weston, Weston Magnolias, Raleigh, NC

Tony Avent, Plant Delights, Raleigh, NC

Kim Hyre, Sandhills Nature Preserve, Southern Pines, NC

Lee and Christine Jones, Harlem, NY

Melanie Sifton and Sofia Pantel, Brooklyn Botanic Gardens, NY

Nicholas Leshi, New York Botanic Gardens, NY

Nancy Goldman, Portland, OR

Bill Thomas and staff, Chanticleer Gardens, Wayne, PA

Middleton Place, Charleston, SC

Kelly Dodson and Sue Milliken, Far Reaches Farm, Port Townsend, WA

Lynn and Ralph Davis, Burien, WA

Lavone and Dick Reim, Skagit Valley, WA